U0484350

领悟

NLP自我沟通练习术

黄健辉◎著

华夏出版社

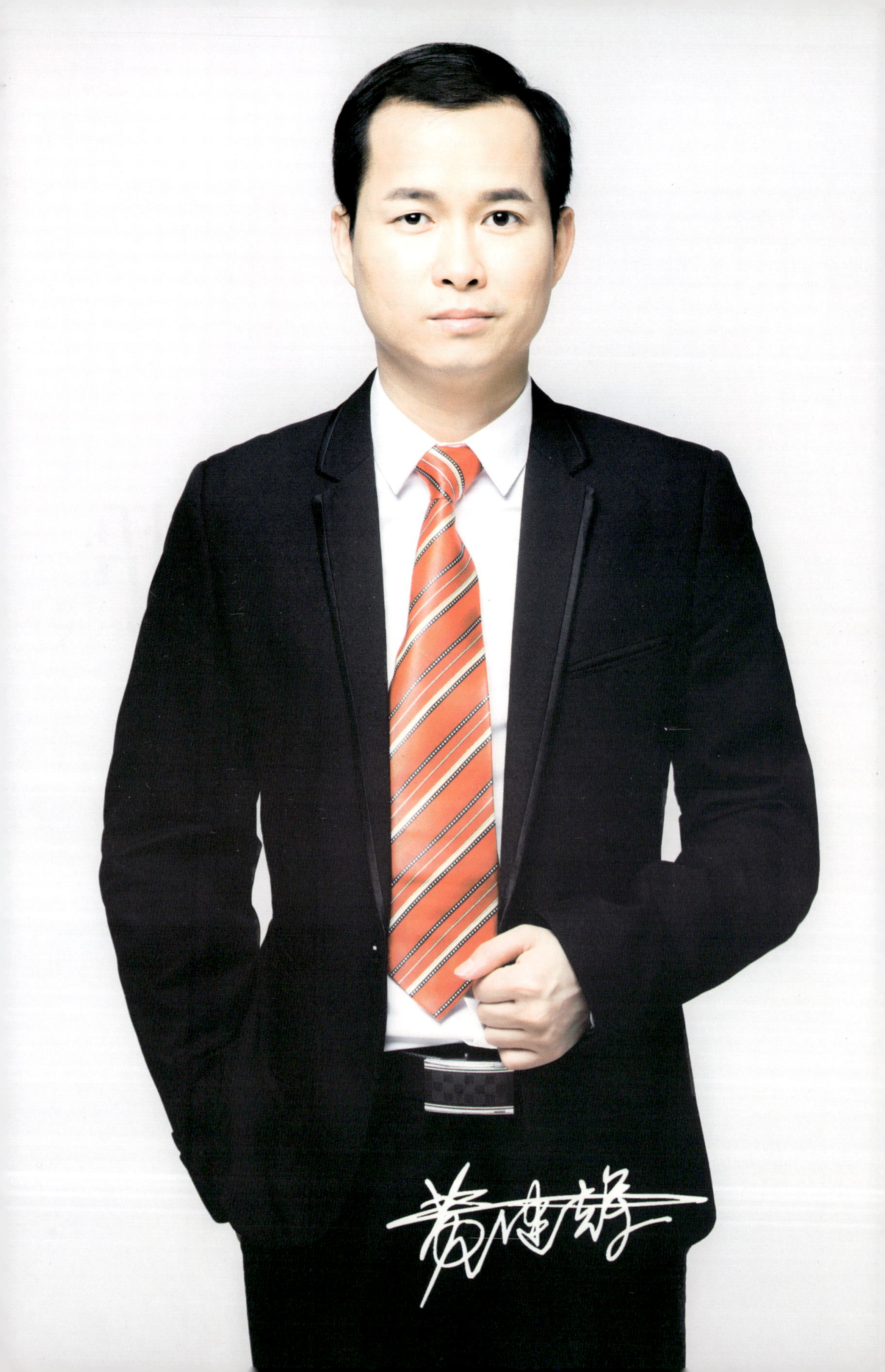

NLP
自我沟通练习术

目录

序言
致亲爱的读者 001

第一篇
大道至简 001

道 003
全子 007
进化 010
整体和部分 013
全子的四种驱力 015
层次系统 018
空间和时间 025
宇宙大精神 035
意识的起点 040
度：比、比较和相对主义 047
偶然性与必然性 057

第二篇 人是什么 067

我是谁　069
身体　075
情绪　081
理性　095
灵性　110

第三篇 NLP 理解层次 119

理解层次　121
环境（目标）　124
行为　136
能力　141
信念、价值观和规条　147
身份和角色　157
系统、灵性和精神　165

第四篇 组织理解层次 175

组织理解层次　177
再生文化　182
结构、制度　189
历史文化　203
人性　213
道　230

第五篇 肯·威尔伯四象限 231

四象限的内容 233

四象限说爱 249

四象限说需求 254

后记 我有一个梦想 263

第四代 NLP、导师介绍 265

序言

亲爱的读者：

很开心，也很荣幸在学习成长的路上认识你！

也许你是我的同学，是我的老师，是我的朋友，或者是来参加我公司组办课程的学员，专门把这本书印刷出来，是因为我想跟更多的人分享我学习、成长的收获。

我很感恩，在我的人生中，可以接触到NLP、心灵成长这样优秀的学问；

很感恩弗洛伊德、安东尼·罗宾、NLP的创始人、肯·威尔伯，他们的思想对我产生了深远的影响，有的已经成了我的一部分；

感恩李中莹先生，他把系统的NLP文化带进中国，并持续地传播；

……

需要感恩的人太多，我相信在我的名单当中、在我的潜意识当中，一定是早有"预谋"，要把你列入我感恩的行列，要不然，我们怎么会在此时此刻有了心灵的连接？

从 2009 年开始用 NLP、心灵成长的文化框架写文章，今年我再次阅读，发现很少有需要修改的，因此，我觉得我的思想具有很强的连续性和稳定性。

我想通过下图将我的思想状况做一个总结和说明：

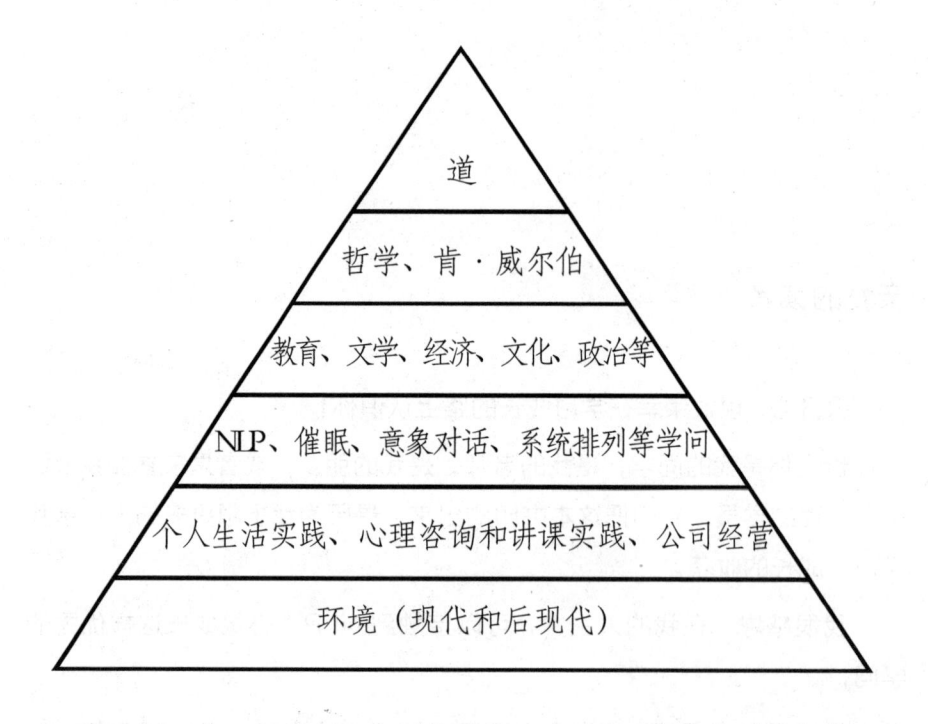

```
                    道
              哲学、肯·威尔伯
          教育、文学、经济、文化、政治等
       NLP、催眠、意象对话、系统排列等学问
    个人生活实践、心理咨询和讲课实践、公司经营
            环境（现代和后现代）
```

1. 环境：我们处在这个时代，现代和后现代，科学技术高度发达，物质财富快速增长，传统以家庭、社会为中心的价值观，让位于以个人为中心的价值观，传统的信仰（神、轮回、死后上天堂或下地狱），让位于生命是有限的认知，这是一个价值转型的时代。

2. 行为层次：个人生活实践：做到言行一致、身心合一；心理咨询和讲课实践：关注爱和慈悲；公司经营：注重商业规则和效益。

3. 能力层次：熟练掌握、运用 NLP、催眠、意象对话等学问和技巧；

以及关于公司经营、策略、商业模式等。

4. 信念和价值：关于人的理念，文学、文化、政治中有很多优秀的成分，心理学应该继承和发展这些优秀的成分，比如说，人的政治自由、思想自由，任何一个心灵导师，或是培训课程，如果是让学员学习之后，自由度减少、依赖性增加的，我觉得都不是好的。

5. 身份定位：哲学、肯·威尔伯，这是关于学科知识、人生观、世界观的更大的背景，所有低层次的特征，在更高层次这里，都可以得到整合与融合，我觉得，整合是一个包含与超越的过程，整合能够让你轻松自如、轻快上路。

6. 精神：道、上帝、宇宙大精神、最后的那个"一"，它们是最高的那个层次，是本源，却又在所有的层次上显现。

理清了这些层次之后，我发现，我的力量感、清晰度和自信程度都有显著增强，以至于内心获得了一种狂喜的感觉。

接下来的计划，我想在我35岁之前写四本书：《领悟》（上、下册）、《启动心灵的力量》（结合当前社会流行素材），以及一本关于亲子教育方面的和一本写给学校老师看的书。总的来说，都属于心理学的应用系列。

心理学、心灵成长这个领域，目前在国内的影响力还很小，通过这二三十年的研究、实践和发展，我觉得这个学科、领域已经沉淀出了相当多的优秀成果，而目前能够享受到这些成果的人，还不到总人数的千分之一。

把心理学、心灵成长的成果推广向其他的领域，比如说，影视、文化、商业、幼儿教育、中学教育，甚至是政治领域，我觉得都是一个相当好的方向。

其实，我真正想说的是：这是作为人，应该走的路！

在公司经营方面，我会继续致力于推广NLP、萨提亚、催眠、意象对话等优秀的心理学应用课程，同时也会推广其他对公司经营、对广大中小企业老板有帮助的任何优秀学问。

另外，最近我再次获得了一种重新拥有梦想的喜悦感，我现在的梦想是——在 2016 年，哪怕是用 100 种方式和方法，也要把我的偶像肯·威尔伯，请到中国来讲学。

我相信，在未来的日子里，心理学、文化，凡是意识覆盖的学科和领域，人们都将会逐渐地接受、运用肯·威尔伯的哲学思想。

我期待收到你的信息和回信：在个人成长、本书的反馈、公司经营、追求梦想等方面，我都需要你的支持和鼓励。你的鼓励就是我前进道路上的动力！

祝好！

黄健辉

2014 年 12 月 10 日于广州

第一篇 大道至简

　　50 年前他还是一个风华正茂的小伙子，到本世纪初他已成为白发老翁。几十年时间只是一瞬，却足以把一个人变老。我很难想象在这么偏远的山村，也曾经有那么多的人在时间里存在，在这片土地上出生、成长、奋斗、追求，然后慢慢老去，最后寂然而逝，在时间之流中化为乌有。

我们每个人的心中永远有一个清醒的东西——它在我们醒时、梦境或深睡中,一直都维持着觉知。

——肯·威尔伯

道

问：听说本书你要描绘的主题十分宏大，是真的吗？

黄健辉：当然是真的！本书想对人类的历史、文化、知识、世界观、社会制度和人的意识发展等进行整理和论述，它想用一套体系来解释世间的万事万物。

问：哦？论题如此宏大，会不会像一般的书，让人读了头疼，毫无所获，流于空谈呢？

黄健辉：本书是深入浅出。从深度来说，它连接哲学、人类古老的智慧、万事万物的规律；从浅度来说，它解释你的感觉、情绪、人际关系、工作、事业、财富等；从不深不浅的角度说，它论述各个时代，尤其是现代和当代的世界观、价值观、社会制度结构，甚至是社会上的一些热门事件。

问：哦，那它会探讨关于人生意义的问题吗？

黄健辉：当然，这可以说是贯穿全书的一条线索。

问：嗯，那关于"活在当下""身心灵"也有论述吧？

黄健辉：当然有了，还有对开悟、道等的讨论呢。

问：太给力了！那我们就从"道"开始说起，你觉得如何？

黄健辉：很好。道，它的含义也是分层次的。

每一个文化体系或是学术派别，它对最高那个层次的"来源"或是"智慧"都有不同的称呼，但我想，在内涵上它们基本上是一样的，或者说它们有很多共通的部分：最高的、最初的、最本真的、偶然性背后更深层的秩序……

老子说：道可道，非常道。名可名，非常名。

我在这里讲的大道，并不是普通意义上的道，名字也没有，取个名字为道是非常勉强的。这个世界刚开始的时候，什么都没有，也没有什么名字，是一片混沌的状态。

问：道，尽管它名目各异、含义繁多，但它有一个最基本的含义，即规律。

黄健辉：是的。

道，规律、定律、性质、特征、特点。

道，法、法理、道理、原则、法律、法规。

这两组词，它们都有一个基本的、共同的含义，根据程度的不同，而在某个点上用另外一个词来表示。

问：你能举个例子吗？

黄健辉：比如说，人人都知道树上的苹果熟透了会掉落到地上，这是苹果的一个特点、特征。果农了解这个特点之后，就会在苹果成熟时把苹果摘下来。人类经过长时间的观察、总结，发现苹果在春天开花，秋天才有收获，于是春天开花、秋天收获，成为一条自然的规律。牛顿根据苹果成熟后掉落到地上的现象，得到启发，发现所有被抛到空中的物体都会自由地掉落，回到地上，进而推理、总结出万有引力定律。

在社会规范中也是一样，某个行为刚开始能够为人们带来效益，于是人们就跟随、模仿，并继续坚持，久而久之成为习惯，习惯发展成为某种规矩，做人的原则、道理，当人们觉得有必要的时候，也可以把它制定成法规或者法律。

问：这么说，道，其实也并没有什么神秘之处。

黄健辉：是的。就算是神秘，也是从日常生活中发展而来的。

问：那为什么人们说"爱的真道""得道高僧""成道"这样的话语时，怎么就感觉是一种高不可攀的境界，一般人可望而不可即？

黄健辉：我们前面说过，道是分层次的，一个周岁的婴儿，知道苹果可以吃，石头吃不了，也是明白了苹果跟石头的一个特点，也算是明白了一个道理。

当然也有最高层次的道，一般来说，它是指万事万物的规律、人生的意义、宇宙的真相、人的本质、偶然性背后的深层秩序、一切的根源等。

问：嗯，太棒了！最高的道是指万事万物的规律，人生的意义、宇宙的真相、偶然性背后的深层秩序。

如果某个人宣称他"得道"了，是不是说他明白了某些规律，也许是人生的意义，或者是宇宙的真相？

黄健辉：也许吧！因为每个人对"道"赋予的含义理解都不一样，如果你想更深入、准确地把握他"得道"的含义，你就要问他对道是怎么理解的。

有的人宣称他"得道"了、"开悟"了，并且把这种状态描绘得很神秘、具有特异功能、能通灵等，还有一类胆子小一点的人则宣称他们的某个密宗师傅"得道"了、"开悟"了，也把这种境界抬得很高、很神秘，能通灵，能够帮助人开第三只眼，这一类人，在说这些话的时候，通常都带着某种目的性。

问：你在这里提到了"开悟"。

黄健辉：是的。既然"道"是分层次的，因此"得道""开悟"也是分层次的。说得通俗一点，它们的意思不过是"明白了某种道理、体验到了某种境界"这样而已。

当我们从这一点上去把握时，就不会被那些宣称自己或是他的师傅"得道"了、"开悟"了的人迷惑，也不需要去和他进行什么争论。

有时候，就算是在平凡的生活中，当你突然间明白了某个道理、某个人对你的真实意思，或是某个事情的意义时，你也就高尚一回吧，大声说："我得道了！我开悟了！"给自己下一个开悟的心锚。

问：太给力了！真是听君一席话，胜读十年书！师傅在上，请受徒弟一拜！

黄健辉：怎么了，你还要拜我为师？你有什么意图？

问：师傅！徒儿一定要拜你为师，有三个原因：

一、跟着你学习，徒弟非常放心：我一定可以领略"得道""开悟"的境界与状态。

二、跟着你学习，可以在红尘俗世中修行，不用到深山老林打猎，也不用出家做和尚，这样就可以照顾妻儿老小，忠孝仁义可以顾全，金钱、香车、美女也可以在世间体验，累了还可以看看湖南卫视娱乐频道。

三、跟着你学习，有时候我也可以对他人真实地表白：我有一个"得道""开悟"的师傅，他是住在哪里，你就不用问了，关于他曲折、离奇的经历，你也不要问，我这个师傅可不同于一般的师傅，他在9岁那年就"得道""开悟"了，更让人惊叹的地方在于，他不仅"得道""开悟"过一次，按他老人家的说法，他已经"开悟"第101次了……

全 子

问：最高的道是指万事万物的规律、人生的意义、宇宙的真相、偶然性背后的深层秩序，这要从哪里着手来学习呢？

黄健辉：中国人的祖先在关于分类、归纳总结和推理的思维上，比起老外来，是有些不足。

老外发明一个单词dog来指称狗这种动物，一只狗用a dog来表示，两只或者多只狗用dogs来表示；个人是person，很多人是people。单数和复数的表达方式明显不同。

这样当人们在思维和表达的时候，概念和含义都非常清晰、明确，一只狗就是一只狗，很多人就是很多人，个体的概念不会和群体混淆。

问：是的。

黄健辉：而中国的文字在表达单数和复数时，并没有明显的区分，一个人的人字是这样写，三个人的人字也是这样写。

因此很多人看哲学书，在看到哲学两个字的含义时，头就大了，好像是有很多事物在头脑里一闪而过，却又抓不住任何一个具体的。对象都抓不住，当然后面阐述对象的道理和规律，也就一个都无法理解了。

问：怪不得很多人大学学了哲学，就像水过鸭背一样，留不下一点印痕。

因此，学习首先还是要把"道"的对象给弄清楚。最高的道是指万事万物的规律、宇宙的真相，如果说万事万物是表示一个总称，是复数，那么它的单数如何来表示呢？

黄健辉：我们还是沿用祖师爷的祖师爷发明的一个词语"全子"来表示。

假设：所有的全子＝万事万物，因此，全子＝万事万物。

全子它既可以是总称、复数，指代万事万物，它也可以是单数，指代万事万物中任何一个具体的事物。

问：好抽象啊，你可以举个例子吗？

黄健辉：既然全子可以指代任何一个具体的事物，因此，一支钢笔是不是全子？

问：是。

黄健辉：你手上正在阅读的这本书是不是全子？

问：是。

黄健辉：你工作的这家公司，是不是全子？

问：是。

黄健辉：你的家庭、社区、民族、国家，是不是全子？

问：按照推论来说，都是。

黄健辉：如果有一个人跟你述说他的孩子很不听话，让他非常担心和痛苦，这件事是不是一个全子？

问：全子＝万事万物，这属于一件事情，当然也是全子。

黄健辉：很好！我们发明了"全子"这个词，让它既可以指代万事万物，也可以指代任何一个具体的事物。

当我们看到"全子"这个词语时，能够明白它的含义是"万事万物"，也可以马上举出一个具体的例子：我手上正在阅读的这本书，就是一个全子；我遇到的一个困难，也是一个全子。

反过来，思维也可以是这样的：我正在阅读的这本书，它属于万事万物中的一种，因此，它是全子；我正在经历的一个困难（比如，失恋、抑郁症），它属于万事万物中的一件，因此，它也是全子。

在"全子"这个概念里，你能够顺向思维和逆向思维，两者都来去自如，这是一个通向"开悟"的起点和快速通道。

问：啊！这就开悟啦？也就是说，全子包括所有的物质、生物以及精神领域里的现象，比如说，意象、概念、思想、信念、事件和过程。

黄健辉：是的。如果你明白了，也就算是在这一个支点上你开悟了。

问：我今天开悟了！谢谢师傅指点！

进 化

问：宇宙是如何产生的？万事万物呈现出来的，为什么是这个样子，而不是另外的样子？我从哪里来？我要到哪里去？

黄健辉：你一口气把古今中外、人生中最深层的问题都问完了。

问：关于这几个问题，自从人类会思考以来，就一直在探索，并且试图寻找一个信得过的答案。

黄健辉：宇宙是如何产生的？

据说，200亿年前，宇宙还是一片混沌，是虚空，在不到1毫微秒钟的时间里，宇宙大爆炸，整个物质的宇宙便瞬间成形，然后，产生了银河系、太阳系以及无数的天体。

时间在推移，宇宙也在缓慢地进化，就这样过了150亿年，大约在45亿年前，真是不可思议，在一个后来被人们称为地球的星球上，物质在进化中产生了生命。

时间依然在运行，宇宙也仍然在运转，万事万物都在修行与进化的过程中，又过了几十亿年，大约在100万年前，真是不可思议，生命在进化过程中产生了心智，生命居然可以用意象、概念、语言和思维来表征外部世界，以及反观自身。

问：真是不可思议！宇宙大爆炸的时候，产生了无数个天体，然而，至今只发现在一个星球上，宇宙的大精神得以最充分地呈现出来：进化从物质到生命，再从生命到心智。

黄健辉：嗯，想来也是这样，在无数的天体中，地球是目前发现的唯一存在生命的星球，这真是一个奇迹！

问：嗯，进化从物质到生命，从生命到心智，又不知道经历了多少世代，心智在进化过程中产生了你——你这个人，你的思想和意识。你，其实不过就是一个意识，这个意识住在你的身体里。

黄健辉：所以说，人生一世，就是你这个意识在人世间不断地修行与进化的过程。

问：你刚刚提到了修行。

黄健辉：是的。修炼你的意识，让意识获得更大的深度和广度，这是每个人一生必修的功课。

问：而修行最终极的问题也就是这几个问题：宇宙是如何产生的？万事万物呈现出来的，为什么是这个样子，而不是另外的样子？我从哪里来？我要到哪里去？

黄健辉：关于这几个问题，也可以这样来回答。

问：哦？还有另外一种说法？

黄健辉：不是另外一种说法，而是一种更感性的表达方式。

问：说来听听。

黄健辉：嗯，现在，请调整一下你的坐姿，用你最轻松、最舒服的姿势坐好。你可以闭上眼睛，不需要看，只静静地听我讲就可以了。当眼睛一闭上，身体自然也就放松了，意识也很自然地就回到自身，回到内在……

你可以做两次深呼吸，吸气，然后慢慢地吐气，吸气的时候，就好像把空气中的氧气吸进来，一直吸到小腹部，感觉小腹微微地隆起，吐气的时候，就好像把身体里的紧张、压力以及废气、浊气都吐出来……

当一个人的注意力能够回到他的呼吸时，他也就是活在当下了。

　　就在此时此刻……把注意力收回到身体，同时，也把你所有的爱、关心、慈悲和怜悯都送给你自己，也许这么多年以来，你一直都在努力地学习，拼命地工作、赚钱，你把爱和关心献给父母、孩子，或者是你的爱人，但你从来没有像现在、此时此刻这样，观照自己的内在，留意内心深处的那个声音……

　　一个人，如果他能够随时把注意力收回来，回到内在，这是他心灵成熟的表现。

　　只有深切地感觉到你——这个意识的存在，你才能够体会到你与外界、与他人连接的感觉，你才会感受到爱，感受到系统的流动，感受到宇宙的能量和智慧。

　　就在此时此刻，就在历史的这一瞬间，世界上有多少地方在沸腾，在挣扎，在喧嚣着，广州地铁上人头涌动；利比亚反政府武装在示威游行……同时，非洲丛林里大象在安详地散步，暗处的猎人已经悄悄伸出枪口；北京机场飞机正在升空，送别的亲人向一闪而过的飞机招手；美国白宫里奥巴马正在敲定对利比亚的最终政策；日本东海岸灾民在排队领取救灾的食物和水……

　　就在这一瞬间，你能够如此清晰地"看见"自己，关注自己的一呼一吸，感受到身体与思想的连接，同时，你也能感觉到自己与周围的环境，与其他很远很远的地方的人、事、物都有一份连接，你甚至可以让自己的意识回到无限久远，与那个无限大的智慧连接在一起。

　　我是谁？

我从哪里来？

我要到哪里去？

……

整体和部分

问：道是研究万事万物的规律，其实就是研究全子的规律，换句话说，也就是找出全子具有什么共同的特点和性质。

黄健辉：全子具有什么特点和性质呢？这就是规律一：全子是由"整体／部分"组成的，任何一个全子，它本身既是一个整体，同时也是其他更大整体的一部分，全子是"整体／部分"。

问：你能举个例子吗？

黄健辉：比如，电子是原子的一部分；原子是分子的一部分；分子是细胞的一部分；而细胞又是整个器官的一部分，等等。

单字是词语的一部分；词语是句子的一部分；句子是文章的一部分……

你手中的这本书是房间里物品的一部分；房间里的物品又是整个房间的一部分；房间又是房子的一部分；房子是小区的一部分；小区是城市的一部分，等等。

每一个这样的实体不仅仅是整体，也不仅仅是部分，而是一种"整体／部分"。

问：那在精神领域，事情和过程这方面呢，又怎么说？

黄健辉：比如说，有一个小孩叫阿飞，他不想去学校了，这是一件事情。这件事情是阿飞所经历的所有事情当中的一部分，阿飞的经历是他家庭经历的一部分，他的家庭经历又是他所生活的环境里的一部分。

问：哦！怪不得说，如果小孩不想去学校读书了，这不会是一件偶然的事情，也许跟他过去的经历有关，而小孩的经历，也许跟他的家庭、他的父母有关，小孩所处的家庭，也许跟他所处的环境（地域、时代）有关。

黄健辉：黄光裕你知道吧？

问：当然知道。他可以说是中国当代悲剧人物的典型代表。

黄健辉：是的。如果说，通过阅读克林顿这个人，你可以推而广之了解美国人民，了解美国，那么，通过阅读黄光裕，你也可以更加深刻地了解自己，认识身边的人，了解和认识这个与我们每一个人都息息相关的民族、社会和国家。

问：嗯，如果说要给黄光裕写一本传记，那要如何下笔构思？

黄健辉：这就需要你会活学活用规律一：全子是由"整体／部分"组成的。万事万物都是全子，所以，黄光裕也是全子。

全子的性质和特点，由它所属的更大的整体、系统，或者说由他的背景所决定。

因此，要研究黄光裕，首先你要知道黄光裕是哪些更大整体的一部分。比如，黄光裕是他的家庭（妻子、女儿）的一部分；同时，黄光裕也是他的原生家庭（父母、兄弟姐妹）的一部分；他是国美电器公司的一部分；国美电器公司是中国家电行业的一部分；中国家电行业是改革开放的一部分；改革开放是新中国的一部分；等等。

问：如果你想研究黄光裕，你至少要知道他的背景，涵盖他的更大的整体和系统。

黄健辉：是的。全子（万事万物）的性质、特点和规律，由他的背景、它所属的更大的整体和系统决定。任何整体同时也是另外某一整体的一部分，这是相对的、无穷尽的，我们永远不可能达到一种终极的整体。

时光川流不息，今天的整体，就是明日的一部分。

即便是大宇宙的整体，也仅仅是下一时刻整体的一部分。无论如何我们都不可能拥有终极的整体，因为根本没有终极的整体，这个世界上永远只有"整体／部分"。

问：所以，万事万物的第一条规律是：实在不是由整体或部分组成的，它是由"整体／部分"或全子组成的，任何一个整体，同时也是其他更大整体的一部分，整体是相对的。

黄健辉：是的。这就是最大的道。

问：啊？这就是道了啊！那今天又开悟了！

全子的四种驱力

自主性与共享性

问：规律一是说，宇宙是由全子组成的，全子是由"整体／部分"组成的。那么，规律二是什么呢？

黄健辉：规律二由规律一推导出来，因为全子是由"整体／部分"组成的,因此,它就有两种"倾向"或者"驱动力"——它不得不既保持其"完整性",又保持其"部分性"。

完整性即同一性、自治性,或者说是自主性,任何一个全子,在环境的压力下,如果它无法保持自己的完整性或自治性,它就无法继续存在。

问:那么全子如何保持其部分性呢?

黄健辉:全子不仅是一个必须保持自主性的整体,同时也是其他整体、其他系统的一部分,因此,它不得不具有作为其他事物的一部分所应该具有的特性,也就是共享性。

超越与退化

问:规律二是说任何一个全子,都具有自主与共享的能力,我们或者可以把它称为全子的"水平的"性质。当全子在环境的压力下,不能够保持原有的自主性和共享性时,它又遵循什么样的规律呢?

黄健辉:这就是规律二的后半部分,我们可以把它称为全子的"垂直的"性质,也就是全子的"自我超越"和"自我退化"。当一个全子不能够保持原有的自主性和共享性的功能时,它就会完全崩溃。当它崩溃时,它就分解为次全子。例如,细胞分解为分子,分子分解为原子,原子在强大的压力下,还可以往下分解。

全子按照它们形成的相反方向进行分解,这就是全子的"自我退化"。

问:那什么又叫作全子的"自我超越"呢?

黄健辉:与"自我退化"相反的过程,也就是全子建构的过程，我们称为全子的"自我超越"。

问：你可以举个例子吗？

黄健辉：比如说，H 原子和 O 原子结合在一起，形成水分子；分子聚集在一起，形成细胞；细胞聚集在一起，形成器官。这就是自我超越的过程。

全子的四种驱动力

问：如此看来，所有的全子都具有四种驱动力，在任何层次上"水平地"运作，它们具有自主性和共享性的功能。在不同的层次间"垂直地"转移，移向一个更高的层次上去，就是自我超越；移向一个较低水平的层次，就是自我退化。

黄健辉：是的。因为所有的全子都是"整体／部分"，它们在存在中会受到各种各样牵引力的支配，包括成为整体的牵引力、成为部分的牵引力、向上的牵引力、向下的牵引力。这些牵引力就是自主、共享、超越和分解。规律二说明了所有的全子都具有这四种牵引力。

自我超越的驱动力让宇宙从物质中产生生命，又从生命中产生心智。规律一和规律二简单地描述了全子在进化过程中所遵循的共同模式，也就是进化的统一性。

问：如果说进化是具有统一性的，有规律可循的，那么，我们岂不是可以通过总结出来的规律去预测下一个发展阶段是什么？或者说下一个时代的声音会是什么？

黄健辉：你是对下一个更高的阶段感兴趣，是吗？

问：真是太给力了！你就是懂我。

层次系统

高级与低级

问：全子是由"整体／部分"组成，那么"整体"和"部分"又是一种怎样的关系？

黄健辉：你可以举个实际的例子吗？

问：如果我们说分子是一个整体，原子是分子的一部分，这句话没错吧？

黄健辉：没错。

问：那么分子和原子之间是一种怎样的关系呢？

黄健辉：你居然可以提出一个这么有深度的问题，你的功力真是大有长进了。

问：嗯，我也是这样想的，自从受到你的指点以后，我感觉到自己的潜意识里好像有很多东西在翻滚，又好像是在整合。

黄健辉：分子和原子是一种怎样的关系，整体和部分的关系是如何的？

讲到关系，无非就两种：一种是平行的，或者也称为平等的、同类的；一种是具有高低之分的，不在同一个层次上，或者说是有包含与被包含关系的。

问：哦，我好像突然之间明白了！原子是构成分子的一部分，原子和分子之间是一种低级与高级、被包含与包含的关系，它们不是在同一个层次上。

黄健辉：是的。分子超越并且包含了原子，一个 O 原子和一个 O 原子结合在一起后，它们形成了一个 O_2 分子，O_2 分子具有了新的、创造性的特征，这些特征并不等同于两个 O 原子简单地累加。

问：明白。你刚刚是在"物质"这个层次上举了一个例子来说明高级与低级之间的关系，你还可以在"生物"和"人类"的层面上举例说明吗？

黄健辉：可以。比如说，一只狗是一个整体，这只狗的各个器官则是它的一部分，组成器官的细胞又是器官的一部分。狗包含器官，器官包含细胞；细胞是器官的组成部分，器官是狗的组成部分。狗、器官、细胞，它们不是在同一个层次上的平行与平等的关系，而是在不同层次上的高级与低级、包含与被包含的关系。

问：怪不得说，如果狗的尾巴被毒蛇咬到了，那要迅速切断尾巴，保全狗的性命，因为相对来说，狗的生命是比它的某一个部分（器官、尾巴）更高级的一个层次、价值。

黄健辉：是的。

进化从物质到生命，从生命到心智（精神）。生命是比物质高的一个层次，而精神又是比生命更高的一个层次。

如此来看，我们才能够理解"自杀"的现象。

人为什么会自杀呢？

因为精神是处在比生命更高的一个层次、价值，当一个人在精神的层次上"它"无法维持自身的整体性、完整性、自治性和自主性时，它就会崩溃，退化到生命的层次。

所有有意识的自杀，首先都是在精神上给自己判了死刑，成为一个行尸走肉般的人，活着没有意义。完全退化到生物的层次，成为一个仅仅是具有新陈代谢功能的生物体。

如果"它"要维持自身完整性、自治性的精神、意识、信念太过于强烈，在潜意识中会产生一种错误的觉知：如果生命就在这里停止，则"它"（精神、意识、信念）是可以维持其完整性、自治性的，是不会被退化与分解的。于是头脑就会选择用一种极端的方式来结束生命，也就是俗称的自杀。

问：你可以举个例子吗？

黄健辉：比如，一个女孩失恋了，她的思想是：他就是我意义的全部，我活着所有的一切都是为了他，为了跟他在一起……如果这个精神、信念非常强烈，或者说她的整个信念系统、整个人都被这个信念抓住、控制住了，就好像一种癌细胞控制了整个人体、一个独裁者控制了整个社会体系一样。这时，在她的整个思想中，是"想不到"有另外的系统和更大的整体的，是"想不到"还有父母要照顾、祖国要热爱、灾区人民需要救助，以及生活曾经多么美好……她的脑神经系统中只有一道程序，这道程序就是：我要跟他在一起，如果无法做到心灵和身体都跟他在一起，则结束身体（生命）的分离，以便维持精神上"到此为止"（完整性、自治性）的现象。

问：你的这一段话听了真是让人心惊肉跳！就连自杀，也无处可藏，也没有什么秘密可言了。

你这个理论，有实证研究吗？

黄健辉：如果你想在这个问题上探索得更深，你可以去看曾经轰动一时的马加爵杀人案。关于此案，我做过半年多的追踪研究，写有《马加爵心理研究》，你可以百度一下，在网上查看。

从根本上说，马加爵杀人，首先是源自于他的"想自杀"，这种自杀并不一定是要结束他的生命，也可以是想结束他的大学生活、当前的状态。

他的大学生活，无法获得爱情、亲情，也无法找到其他有意义的价值，于是，他把所有的意义都贯注在了友谊之上，并且把所有的友谊，都贯注在几个和自己打牌的同学身上。当在打牌过程中遭受同学的打击时，他认为同学们没有把他当朋友，友谊没有了，于是生命的意义也就没有了。从那一刻起，马加爵被这个信念抓住、控制住了。于是，有了这一系列的后续案情……

问：啊……

黄健辉：进化是宇宙的规律，从宇宙是一片混沌、一片虚空，到宇宙大爆炸，产生了整个物质的世界，经过漫长的、缓慢的进化，物质产生了生命，生命产生了心智。进化是全子从低级向高级转移的过程。

问：大千世界，全子无所不在，世界就是由全子组成的，如何区分高级与低级？有没有一种简单明了的方法？

黄健辉：有。低级与高级，看似按照过程的先后顺序来划分，然而在人类（心智）产生之前的进化，全子还无法"体验自身""反观自身"，全子还不具有意识的能力。我们如何区分谁先谁后，哪里是低级，哪里是高级呢？

主要是根据全子自身的特点、性质和规律来区分。

问：你可以举个例子吗？

黄健辉：比如说，两个 O 原子聚合在一起形成 O_2 分子，O_2 分子不仅具有 O 原子的特点和性质，而且产生了一些 O 原子所没有的新的特征。

较高层次的组织既包含了较低层次的组织的某些性质，又具有较低层次的组织所没有的新的特征。或者说，较高层次的组织涵盖所有较低层次的组织，但是，较低层次的组织并没有涵盖较高层次的组织——反之则不成立。

这就是区分高级与低级，区分等级系统、层次序列的原则。

细胞包含分子，反之则不成立；分子包含原子，反之则不成立；家庭包含个人，反之则不成立；社区包含家庭，反之则不成立。

问：全子的性质和特点，是需要我们去认知和归纳的，凡是涉及概念、性质等关于事物的本质的认识，都需要我们有非常好的抽象能力，有没有一种直观一些的能够直接判断高级与低级的方法？

黄健辉：有。在一个层次序列中，如果你破坏了任何一种类型的全子，那么所有较高层次的全子都会遭到破坏，但是较低层次的全子却不会遭到破坏。比如说，如果你破坏了宇宙中所有的分子，那么所有比分子更高的层次，包括细胞、生物有机体等都将遭到破坏，但是所有比分子更低的层次，原子、中子、电子等都不会遭到破坏。

我们现在讨论的实际上是一种组织结构的关系，这种意义上的层次系统、高级与低级是一种自然的、组织结构上的关系，它不存在任何专制的色彩。这与封建专制等级完全是两回事。

这种层次系统的真正含义是，如果你破坏了任何一种类型的全子，那么，处于更高层次的全子都将遭到破坏，因为它们部分地依赖于更低层次的全子，更低层次的全子是它们的组成部分。但是，即使较高层次的全子已经不存在了，较低层次的全子却可以安然无恙。没有了分子，原子仍然可以完好地存在，但是没有了原子，分子就不存在了。

这是一个简单的区分高级与低级、较高层次与较低层次的法则。这一规则适用于任何进化的序列，适用于任何层次系统，包括大宇宙的进化、生物的进化、人类社会的进化、人的成长等。

深度和广度

问：分子是包含原子的，分子比原子高一个层次，这个道理好理解，可为什么当我们说生物圈包含物质圈，精神圈（灵生圈）包含生物圈的时候，很多人都不理解呢？

黄健辉：那是因为人们混淆了"大小""广度"和"深度"的概念，人们总认为，广度越大，深度也就越大，他们把顺序搞反了。

问：哦？"广度"和"深度"的确切含义是什么？

黄健辉：在某一层次系统中包含的层次数是指它的深度，在某一个层次上包含的全子数指的是它的广度。

问：哦，原来是这样！如果我们说原子具有一个深度，那么分子则具有两个深度，细胞则具有三个深度。

黄健辉：是的。可以依此类推，确切地说，我们称某某为一个层次具有一定的主观随意性。就好像是一栋三层楼房，按照惯例，我们可以把它的每一层看成是一个层次，那么这栋楼具有三个深度，即三个层次。但是我们也可以把每一级楼梯算作一个层次。如果两层楼之间有二十级楼梯，那么三层楼则有六十个深度。

结论是，尽管两者的衡量具有相对性和随意性，但是得出的结论并不具有主观随意性。不管我们说这栋楼具有三个层次还是六十个层次，二楼总比一楼的层次高。只要我们运用相同的衡量尺度，结论就会是确定不移的。

因此我们可以说，夸克具有一个深度，原子具有两个深度，分子具有三个深度。深度总是真实不变的。

问：这就是你所说的深度和广度。随着进化向更高的层次演进，深度越来越大，广度越来越小。

黄健辉：是的。在这一点上，人们总是感到迷惑不解，他们容易把若干全子组成的大小、范围或广度与深度相混淆。他们以为，广度越大，数量越多，也就是更高级、更重要、更有深度。

问：那是否可以说，随着进化不断向前，宇宙会产生更大的深度和更小的广度？

黄健辉：是的。

问：你可以举个例子吗？

黄健辉：比如，灵长类动物的数量要比生物有机体的数量少，生物有机体的数量要比细胞的数量少，细胞的数量要比分子的数量少，分子的数量要比原子的数量少。深度越大，广度就越小。人们总是习惯于认为，越大越好，在一个层次系统中，广度越大越好，这使他们完全搞错了轻重取向，颠倒了先后顺序。

一个全子超越并且包含了较低层次的全子，前者的深度比后者大。深度越大，在这一深度上全子的数量就越少，这就是所谓的"金字塔式"的发展。

空间和时间

（一）

问：让我们又从宇宙大爆炸开始说起……

黄健辉：不管是什么学说、学术、学派、观点或者道理，如果能够从宇宙大爆炸开始，一直论述到当代，甚至是当下的每一刻；或者说，如果能够从适用于当下，一直推导到它也适用于近代、古代，适用于从大爆炸开始的每一个阶段，如果它的观点能够一以贯之，始终如一，维持其完整性和独立性，那么至少可以说成就了"一家之言"。

问：一以贯之，始终如一，能够自圆其说，这是成就"一家之言"的基本条件。

黄健辉：一个学术、学派，或者是某个规律、原则，人们衡量它最重要的指标是它的适用范围有多广。

简单用一句话来陈述就是：你说的"道"，它的适用范围是多大？

问：哦，好像又开悟了！我们在第一小节就说过，道是分层次的，有大道和小道，适用范围广的道就是大道，适用范围窄的道就是小道。

黄健辉：是的。

问：我们如何来判断适用范围的大小？

黄健辉：这就涉及两个指标，一是空间范围的大小，一是时间范围的长短。

宇宙本来是一片混沌、一片虚空，在一刹那间，宇宙大爆炸，大爆炸产生了三个"概念"：物质、空间和时间。或者也可以说大爆炸产生了四个"概念"：物质、意识、空间和时间。

问：嗯，这是一个新颖的说法。物质和意识在前面的小节中已经有了较多论述，这一回我们讨论空间和时间，对吧？

黄健辉：嗯，主要来说，是讨论时间。

问：因为空间相对来说比较简单，是吗？

黄健辉：是的。我们一般讲的、人能够感知到的空间是由三个维度表现出来的，也就是长、宽、高。一条线是一维的，一个平面是二维的，一个体是三维的。

问：是的。我们在学校里做的成百上千道数学、几何题目，很多就是关于线的、面的、体的，还有那些物理题，很多也都是关于这个体怎么运动、怎么存在的，也就是关于空间的运算。

黄健辉：学校里学的数学、几何或是物理，是关于空间的纯粹运算，这些我们可以把它归纳为空间的硬道理。

当空间与生命、与人类联系在一起时，它就有了一些软道理，这里的空间就是我们一般讲的地域，地域不同，其他的很多方面也就会不同。

比如说，人类的进化程度会不同，发展阶段不同，经济、文化不同，思想、意识不同，物质呈现出来的形态、样貌也会不同……

问：就好像在同一时间，有的地方的人已经进化成为智能人、现代人，而有的地方的人还处在原始人的程度；有的地方已经进入资本主义社会，有的地方还处在奴隶社会；有的国家民主、自由思想很普遍，而有的国家人们依然是接受独裁、专制；有的地区人们的皮肤是白色的、黄色的，有的地区人们的皮肤是黑色的、棕色的……

黄健辉：地域范围不同，会造就许许多多的不一样，所以人们有要踏遍千山万水、行万里路、见多识广的说法，还有更时髦的说法就是：要到全世界各个国家、各个地方去环球旅游，饱览天下名胜，尝遍天下美食……

问：有的人说要出国留学、出国考察，甚至是要飞出地球，到月亮上、到外太空去体验。

黄健辉：所有种种的不同，都是因为宇宙大爆炸的时候，产生了空间，空间不同，提供了物质、意识呈现的形态、样貌可以不一样的条件。

世界如此多姿多彩，美丽鲜艳，变幻莫测，是因为有了空间。

问：怪不得佛说一切皆空，色即是空，照见五蕴皆空，看来这个"空"也不是空穴来风啊！

黄健辉：嗯，一切都不是偶然的。

问：空间让这个世界如此美丽多彩，那么时间呢？时间对这个世界的贡献又是什么？

黄健辉：啊，这个问题！

时间，时间——对这个世界的贡献是什么？

（二）

问：有人说，时间是一切；有人说，时间什么都不是，到头来都是一场空；也有人说，时间既是一切，时间也什么都不是。

黄健辉：医生说：时间就是生命。

问：商人说：时间就是金钱。

黄健辉：老师说：时间就是知识。

问：学生说：时间就是技能、本领。

黄健辉：军人说：时间就是胜利。

问：农民说：时间就是丰收。

黄健辉：工人说：时间就是贡献。

问：作家说：时间就是灵感。

黄健辉：哲学家说：时间就是思考。

……

黄健辉：比尔·盖茨说，时间就是要创新、要升级。

问：巴菲特说，时间是要会判断关键时刻，什么时候买进，什么时候放空。

黄健辉：刘翔说，快，一定要快！快0.1秒钟就是世界冠军。

问：刘德华说，时间不是问题，甚至时代也不是问题，迷倒了老太太，迷倒了中年妇女，更是迷倒了未成年少女。

黄健辉：陈冠希说，时间都会过去……

问：黄光裕说，迟早有一天我要返回国美。

……

黄健辉：有的减肥广告，它花很多钱，告诉别人：你用我的产品，时间更短，见效更快，不用30天，也不用半个月，一小时就能减少半公斤。

……

黄健辉：有人说，时间就是昨天、今天和明天。

问：有人说，时间是过去、现在和将来。

黄健辉：有人教你把眼光放长远一点，要看到未来。

问：有的人，让你把过去和将来都放下，要活在当下。

黄健辉：时间就是一切！它无所不含，无孔不入。

问：是的。看来对时间，不仅仅是要从感性上把握，也要从理性的深度去认识它。

（三）

黄健辉：嗯，让我们从最没有感情的物理学家给时间下的定义开始：时间是事件发生到结束的时刻间隔，一切宏观物质状态的变化过程都具有持续性和不可逆性，此连续事件的度量称为时间。

问：时间是人类用来描述物质运动过程或事件发生过程的一个参数，时间从宇宙大爆炸开始，这是时间的起点。

黄健辉：人们对时间的判断，是靠不受外界影响的物质周期变化的规律，例如，月球绕地球的周期、地球绕太阳的周期、地球自转的周期等。

问：地球绕太阳旋转1圈的时间，人们把它称作1年；月亮绕地球公转1圈的时间，人们把它称为1个月；地球自转1周的时间，人们把它称为1天。

黄健辉：人们根据1年中不同的气候、温度情况，把1年分为4个季节：春、夏、秋、冬；根据地球接收到的太阳光照程度不同，把1天分为白昼和黑夜。

问：为了计时方便，人们把1天分为24个时辰，2个时辰之间的间隔称为1个小时；再把1个小时分为60等份，每1份称为1分钟；1分钟又平均分为60份，每一份称为1秒钟。

黄健辉：1年有12个月，1个月有30天，1天有24个小时，1个小时有60分钟，1分钟有60秒钟，这就是人们生活中用的最基本的时间单位。

（四）

问：有了时间单位之后，人们就可以对时间进行划分了。

黄健辉：我觉得对时间进行最大跨度的划分，是肯·威尔伯的进化理论：

200亿年前，在不到1毫微秒钟的时间里，宇宙大爆炸，产生了物质世界、时间和空间。

经过150多亿年的漫长过程，大约在45亿年前，宇宙在进化中产生了生命。

又经过几十亿年的进化，大约在100万年前，进化在生命中产生了心智。

问：自从人类出现以后，就有了人类社会。为了便于总结和对各个时期进行区分，人们又对人类社会的整个历史进行了划分。

肯·威尔伯把人类社会的历史划分为采摘阶段、种植阶段、农耕阶段、工业社会、现代和后现代。

黄健辉：嗯，宇宙就是这样，发展或者说进化，从物质到生命，从生命到心智；人类社会就是这样，生命从一代一代祖先那里，传到爷爷、奶奶、外公、外婆这里，再到父母这里，然后有了你……从某个时点开始，你成了一个生命体，这个生命体在母亲的肚子里快速成长，终于有一天，你来到这个世界上，从婴儿、儿童到少年，从小学、中学到大学，然后你进入社会参加工作……

问：有一天，在机缘巧合之下，你拥有了这本书，可以读到这样具有生命气息、能够给心灵注入力量的灵性文字。

黄健辉：你不再纠结于这样的问题——"我是从哪里来的？"

（五）

问：前几天正是清明节，中国人有一个习惯，在此期间纪念自己的祖先，他们会到祖先的坟上进行祭拜活动，通过这种方式与祖先连接……

黄健辉：今年的清明节，我也回老家祭拜祖宗，这也是一趟心灵的旅程，有好多好多的感悟。

问：哦？可否说来听听。

黄健辉：一个人，当他完全抛开外界事务，抛开自己的身份、责任等，平心静气地将自己置身于一片墓地之中……就这样感受自己与祖先的连接，与大地、天空、宇宙的连接，在霎时间，你会有一种仿佛洞悉了世间的一切秘密，参透了生死，顿悟了真相的感觉。

一个墓碑上刻着：甘秀珍，平南大安人，生于一九一九年七月，卒于一九九六年四月，享年七十八岁。

另一个墓碑上刻着：黄府之平公，桂平马皮乡人，生于一九三六年八月，卒于二零零六年三月，享年七十一岁。

我努力去想象，70年前，也就是20世纪40年代，那时的中国还处在抗日战争、解放战争时期，我家族的这一位前辈，他的童年就生活在这样的环境里，在我的印象中，那个年代世界的色彩似乎只有黑色和白色。

50年前他还是一个风华正茂的小伙子，到本世纪初他已成为白发老翁。几十年时间只是一瞬，却足以把一个人变老。

领悟

太阳渐渐偏西，四周寂静安详，这是一片很大很大的墓地，放眼望去，远处的天空似乎和墓地连接在一起。真是奇怪，这片墓地我差不多每年来一次，然而从来没有像此刻这样感触深刻。如果不是有一堆堆小山似的坟墓作证，我很难想象在这么偏远的山村，也曾经有那么多的人在时间里存在，在这片土地上出生、成长、奋斗、追求，然后慢慢老去，最后寂然而逝，在时间之流中化为乌有。曾经存在过的全部痕迹，就是这一座墓碑。人生来了，又去了，如此而已。

时间什么都不是，却又是一切，它以无尽的虚空残酷地掩盖着、抹杀着一切，使伟大的奋斗目标和剧烈的人生创痛，最后都归于虚无。一个人一旦理解了时间，他就与深度、与痛苦结下不解之缘。时间使伟大变成渺小，使骄傲变成悲哀，使少年的意气风发变成老年的沉默不语。时间使一切都变得意义模糊。一个人，当他成熟到能够明白自己在时空坐标中的人生定位时，他就再也没有勇气骄傲了。

从小我就在内心深处强烈地感到历史背后有一双眼睛在扫描着、注视着人间的一切，这使我有一种模糊的使命感，觉得人存在于世界上似乎总应该去完成一些什么事情。当夜深人静，与自己的灵魂对话、沟通时，我总是会看见一个意象，一个影子在奔跑，他似乎要到一个地方，那里是他的归宿。

问：这大概可以解释为什么在某些领域你表现得如此执着，甚至是痴迷的缘故；也可以解释为什么你性格深处仍然保留着一种非常单纯、纯洁的个性；也说明了为什么你不轻易去加入某种团体，不从事公职，而宁愿选择一个陪伴心灵成长的行业。

黄健辉：当一个人彻底明白了时间时，他就再也不会为自己找借口，时间永远都在向前推移，光阴一去不复返，生命只要一开始，就永远都是进行时，它无法回到过去的任何一个时点上。

问：让生命活得更自在、更洒脱一些吧！选择一个方向，展开灵性的探索吧，只有向内觉察，才能够让生命活得更清白、更明了！行动多一点、动作快一点吧，只有行动，才能够真正把心中的爱传递出去，感染他人！

黄健辉：不要等到最后一刻，才对爸爸或妈妈说，其实我心里一直都爱着你！也不要等到生日的时候，才送上一束鲜花，今天就应该给她惊喜！想去旅游，就去吧！

问：如果今天就是生命中的最后一天，还有什么不可以！

（六）

黄健辉：1000年前，世界的人口约有2亿，那时，人类平均寿命仅有30—40岁。1900年，世界人口达到16.5亿，人类平均寿命也在不断增长。20世纪末，世界人口达到60亿，许多地区和国家的平均预期寿命达到70岁，有的接近80岁。

问：80岁，也就是说，一个生命的历程是80年，一个生命的过程就是经历960个月，如果以天为单位，大约是29220天。

黄健辉：是的。人生一辈子，就是活大约29220天。

问：好比每个人拥有29220元，每度过1天，就相当于花了1元；度过1个月，就相当于花了30元；度过1年，就相当于消费了365元。

黄健辉：时间这个问题仔细想起来真可怕！有时1年瞬间就过去了，就好像消费时瞬间刷了300多元；有时10年瞬间就过去了，就好像消费时一次性刷卡 3000 多元！

问：你这话里似乎透露出对死亡的恐惧。

黄健辉：你的思想是越来越犀利了。按照肯·威尔伯的理论，死亡似乎应该属于全子"自我退化"的过程，人从一个精神体退化到生命体，再到物质体。

因为有对死亡的恐惧，所以宗教和神秘主义才有如此大的魅力，千百年来，它们以灵魂在世上修行、灵魂永不灭、生生世世的轮回、西方极乐世界等理念，吸引了数千万的受众。

问：不管你相信人生只有一辈子，还是相信灵魂永生不灭，你都得面对这样一个问题：时间永远在行进，身体慢慢长大、成熟、变老。人，除了像动物一样活着，进行生命的传承之外，他还应该有些什么样的价值追求，人生的意义是什么？

黄健辉：如果人可以长生不老，如果记忆（灵魂、意识）可以移植，任何一个过程（包括生命），如果没有一个时间限度，它便没有价值，也无从判定。到底是爱因斯坦对人类的贡献大，还是杨振宁的贡献大，还是我的贡献更大？假如从现在开始人类可以活 1000 岁，谁知道呢？

问：正是因为生命的有限性，所以它才显得如此宝贵，也正因为时间一去不复返，才让一切都具有了意义和价值！

黄健辉：是的。空间让这个世界如此美丽多彩，时间让人生具有了深度、意义和价值。

宇宙大精神

问：你在前面章节中论述了宇宙的发展和进化史，并总结了贯穿物质界、生命界和精神界的几个原则：全子由"整体／部分"组成，全子具有自主性和共享性、自我超越和自我退化等特征，有的人因为被"迷"住了，他认为脑袋里装不下这样庞大的"境界"，他只想学习一点今生今世与自己有关的东西，比如说，思想是怎样产生的，七情六欲如何疏导与管理，金钱和财富怎样吸引等，你看还有更简单的学习方式吗？

黄健辉：人是有智慧的，人的潜力接近无穷大，每一个人都有修"大乘"的智慧，因此，我把天下"大道"放在本书第一章。很多人觉得，这样的大道，听起来好像谁都知道，因此，对它根本不在意，可当现实中遇到问题、遇到困难时，却又完全陷在问题里，不知道"问题"之外，还有"解决的办法"。

在前面的小节中，我阐述了几个最重要的规律，它们的适用范围是最普遍的和最广泛的，也可以说是最深刻的。从这几个道理，你可以推展、延伸到世间万事万物的性质和道理，或者说，从具体的任何一个小道理，你往前寻找它的"因"，也都可以找到这里——全子是由"整体／部分"组成的。

问：是的。

黄健辉：当一个人在他的信念系统，在他的脑神经网络里构建了这样的"大道"，拥有这样的信念时，在"理论"上，可以说他算是一个接近开悟的人了。

问：哦，此话怎讲？

黄健辉：理由有三：

1. 因为他听闻过大道了，孔子说：朝闻道，夕死可矣。

2. 这样的大道植入他的信念系统，可以整合系统里原有的所有信念、价值和规条，可以连接上世间所有的小道理，就好像千万条小溪、河流，最终总要归入大海，又好像站在群峰之巅俯瞰众山，一览众山小。

3. 在他的脑神经网络里搭建了这样的"通道"，就相当于所有的线路都有一个总的源头，有了一个汇聚点，也就是所有的神经线路都通了，都是活的。

一个懂了大道的人，他不会自杀。就算问题再大、困难再大，也仅仅是更大整体的一个部分，"问题"的外面，不是问题，它会是什么呢？也许就是解决办法。困难的外面，不再是困难，也许机会就要来临了。就算是地震来了，海啸来了，核电站也爆炸了，我们依然会看到：3月20日之后就是3月21日，今天之后还有明天，地震过后，会有重建，海啸过后，是风平浪静之时，就在大洋的彼岸，在孤岛的对面，人们正在积极地捐资、筹款和想办法。袭击、轰炸开始了，灾民逃亡了，人们又上街示威游行了……没有终极的"整体"，任何整体，都是更大整体的一部分，也没有"终极的灾难"，灾难只是人类生活和历史的一部分，灾难之前、之后、之外，也许就是快乐、平凡、太平和辉煌……

问：这些道理，都好像似曾相识啊。有没有一些实际一点，能解决具体问题的呢？地震来了，不能光靠开悟就解决问题，人们需要的是食物和水。

黄健辉：你别总是这么性急！先做个深呼吸，活在当下，现在是探索内在心灵的时刻。

我们需要有一段旅程，一段探索大脑是如何进化的旅程，当走完这段旅程之后，我们就会专注在"人类"和"意识"这个层面。

问：因为大脑是人类区别于其他任何生物的最重要的器官，也是产生意识的器官，是吗？

黄健辉：从宇宙大爆炸开始，经历了100多亿年的漫长时间，宇宙还是一片静悄悄的、没有生气的"物质世界"，物质是没有大脑的，没有意识的，或者，更准确的说法应该是：物质的大脑发育、意识发展接近于0。

问：这两种说法，有什么区别吗？

黄健辉：区别可大了！所谓差之毫厘，失之千里。

如果你说物质是没有大脑、没有意识的，可是在进化过程中，物质却产生了生命，生命产生了心智，如果原来"没有"，后来却"有"（产生）了，这就会落入"无中生有"的推论。

因此，假如不是"无"中生"有"，那应该是怎样的一个世界呢？这个世界是如何建构起来的？

或许，最初的"无"，并不是"没有"，这正如佛说的"空"和"空性"，也并不是"没有"的意思一样。

佛说：空和空性，它是存在于万事万物中最本源的性质，万法皆空，色即是空……《心经》观自在菩萨"照见五蕴皆空，度一切苦厄"。

最初的、最本源的"无"是什么呢？佛说它是"空"，基督说它是"上帝"，老子说它是"道"，肯·威尔伯说它是"宇宙大精神"。

不管叫什么，它们讲的大概都是一个意思，就是万事万物的本源。

问：怪不得佛不回答"空"是如何来的；基督徒也从来不去问"上帝"是从哪里来的，上帝是怎么知道的；老子《道德经》中的"道"也是横空出世，开篇第一句就是"道可道，非常道"。

黄健辉：都是最本源了，还从哪里来呢？按照佛的说法，空、上帝、道、宇宙大精神，这就是最初的那个"因"了。玫瑰花为什么能开成玫瑰花，因为，它原来是一粒玫瑰花的种子。

问：释迦牟尼、耶稣、老子他们都不说空、上帝、道是如何来的，会不会是他们经过讨论约好了都不说？

黄健辉：根据史料记载，他们三个人相隔万里，并且是生活在不同的时代，他们如何来开会讨论呢？那时候又没有电话会议，也发不了短信。

他们只是在各自的生活中悟出了宇宙的真理，看到了真相。真理和真相，尽管在世界各地、各个民族之中，人们对其称谓不一样，但它的"意义"是基本一致的。

宇宙的大精神超越了万事万物，也包括了万事万物。它彻底超越了这个世界，也涵括了这个世界的每一个全子。它透过万事万物体现出来，但又不仅仅是这些体现。它不构成某一个层次，而是超越并且包含所有的层次，它存在于每一个维度、每个点上。它是高楼大厦中最高的那一层，又是建成高楼大厦的钢筋、水泥。它是整个序列的目标，又是构成所有目标的元素。它是一切"果"的"因"，它又存在于一切"果"之中。

问：真是太给力了！听到这里，看到这里，如果都懂了，应该算是明心见性、开悟了吧？

黄健辉：是的。这就是佛说的"出世间法"了。

问：既然你提到"出世间法"，接下来还会有"入世间法"了？

黄健辉：许多学佛的人，纠结于"出世"和"入世"，不知道是要在红尘中煎熬，还是要到一个清静的地方去修心，他们都是没有开悟的人。在开悟的人的眼里，没有出世和入世的分别，出世之后可以入世，入世里面有出世，就算是在一瞬间，在同一时刻，他的心可以是出世的，同时也可以是入世的，入世和出世，似乎是同一条通道，又似乎是……

问：师傅，我眼前似乎有一道光划过！《心经》中说"色不异空，空不异色"，"色即是空，空即是色"，你刚刚讲的出世和入世的关系，不正类似于"空"和"色"的关系吗？佛说：空中有色，色中有空。因此，出世需要入世，入世中有出世。这就是你平时说的，人生应该具有的境界，对吗？

黄健辉：是的。用出世之心，做入世之事，这是灵魂修炼的必经之路。

问：啊……

黄健辉：回到大脑、意识进化的旅程。在物质这个层面，我们假设大脑、意识的发育是最低层次的，或者说它的振动是最低频率，接近于零的。

问：物质，连生命都没有，也就没有新陈代谢，没有细胞的复制，当然也没有大脑；物质所具有的性质，主要是空间的性质特征，其次是进行化学反应。

黄健辉：到了生命这个层次，生物体，首先是植物，它们具有了生命的特征，自身可以进行新陈代谢、细胞复制等。进化到了动物这里，动物又有了更多的新的特征，进化的接力棒传到了动物的大脑和脑神经系统。

问：终于有一天，大脑进化到可以产生意识，可以储存信息，产生意象、符号、概念，进而可以推理、归纳、总结和有意识地创造，从此标志着人类的诞生。

黄健辉：从宇宙大爆炸开始，宇宙的大精神就在不断地演化与进化，从来没有停止过。

意识的起点

问：从宇宙大爆炸开始，宇宙大精神就在不断地演化与进化，从来没有停止过？

黄健辉：是的。进化从物质到生命，从生命到心智。经过漫长的、百亿年的进化，宇宙大精神可以通过自身的显化，拥有了表征、觉察、反观自身的性质，它可以储存信息，产生意象、符号、概念，可以推理、归纳和总结，它需要价值感，需要意义，它可以预测和有意识地创造。

问：从100万年前开始，整个宇宙大精神的进化，集中体现在"人类"这一物种上。

黄健辉：进化从生命到心智，标志着人类的诞生。人类可以说是地球至今的统治者。人类的进化，又集中体现在人的心智、意识的进化上。

问：接下来，我们最主要的旅程，就是探索和研究人的心智、人的意识，对吗？

黄健辉：是的。我们将会研究意识是如何产生和发展的，意识拥有什么性质和特征。

问：那我们要回到100万年前，从人类形成的时刻开始吗？

黄健辉：不需要，先让我们看一段真实的故事：

1920年，在印度加尔各答东北的一个小镇，人们常见到有一种"神秘的生物"出没于附近的森林。往往是到晚上，就有两个用四肢走路的"像人的怪物"尾随在三只大狼后面。后来人们打死了大狼，在狼窝里发现了这两个"怪物"——两个裸体的小女孩。大的七八岁，小的约两岁。这两个小女孩被送到孤儿院去抚养，人们还给她们取了名字，大的叫卡玛拉，小的叫阿玛拉。这就是曾经轰动一时的"狼孩"事件。

狼孩刚被发现时，生活习性与狼一样：用四肢行走；白天睡觉，晚上出来活动，怕火、光和水；只知道饿了找吃的，吃饱了就睡；不吃素食而要吃肉，吃东西不用手拿，而是放在地上用牙齿撕开吃；不会讲话，每到午夜后像狼似的引颈长嚎。

卡玛拉经过7年的教育，掌握了45个单词，勉强会说几句话。她死时16岁左右，但智力只相当于三四岁的孩子。

狼孩这一事例说明，人类的心智和意识并不是天生就有，或者准确地说，心智和意识的发展，需要外部环境的孕育，需要经过若干阶段的实践与锻炼；人的生理功能、条件反射、身体发育，与外部环境息息相关；大脑的意象、信念、价值观，来源于环境；人的知识、才能、技巧和经验，也都来源于后天的社会环境。

问：狼孩的事例还说明，如果人出生以后，没有得到相应环境的支持和锻炼，心智和意识可以朝动物的方向发展，而不具有人的特征。

黄健辉：人由身体和精神构成，或者用肯·威尔伯的表达方式：全子都拥有外部和内部，全子等于万事万物。显然，人属于全子，外部是指看得见的部分，通过感官体验到的部分，人的身体属于外部；内部是指通过感官无法直接经验到的部分，你只能够通过语言和他交流、解析，才能够了解、认识，情感、思想、价值观等属于人的内部。

问：人，拥有一个外部世界——看得见的身体，同时，还拥有一个看不见的内部世界——感情、思想、意识。

黄健辉：刚出生的婴儿，白白胖胖的一个肉团，重量三四公斤，身长50厘米左右，他的眼睛、头发、皮肤、小手、小脚、脸蛋，我们都看得清清楚楚，小家伙饿了，赶快给他喂奶吃，冷了给他加件衣服。

所有这一切，我们都是围绕婴儿身体的发育、他的外部世界来进行照顾。

问：嗯，那么，刚刚出生的婴儿，他的内部世界，情感、思想和意识，是怎样的呢？

黄健辉：首先，我们必须认识到，哪怕是刚出生的婴儿，也是有情感、思想和意识的。

一个成人，我们说他有情感、思想和意识，谁都不会否认，可是一个婴儿，他有什么样的情感、思想和意识呢？这些从哪里来？很多人就会质疑。

假设婴儿是没有情感、思想和意识的，那么人从哪一个时间开始，就拥有了情感、思想和意识呢？

全子可以无中生有吗？

问：假设：在非常非常久远的年代，在宇宙大爆炸的时候，通过道、通过宇宙大精神的演化，在最初产生的物质世界中，就已经蕴含了他的内部世界——意识，只不过这个时期意识的能量还很弱，经过百亿年的进化和累积，到人类这里，哪怕是刚出生的婴儿，他的情感＝1，思想、信念＝1，意识状态＝1。

黄健辉：是的。假设刚出生的婴儿，就是有情感、思想和意识的，我们才会关注他的情感、思想和意识的发育和成长；如果我们假设婴儿没有情感、思想和意识，则会忽略孩子内在世界、内在心灵的成长。

问：刚出生的婴儿，他的内在世界、他的内在心灵是怎样的？他的情感、思想和意识状态是如何的？

黄健辉：一粒埋在土里的种子，它已经拥有了长出茎叶、枝杆，开花，结果所有这一切的潜质，刚出生的婴儿也一样，在他的身体里，已经蕴含了所有成长为一个体格健全、心灵丰富的人的基因和密码。

从受精卵开始分化，到出生这个阶段，称为胎儿期。这个阶段，胎儿通过身体上的连接，吸收母亲的营养，在生理和心理上，表现为一种生物学上的条件反射，或者是冲动，当身体成形之后，他会有一种感觉。

离开母亲的身体后，婴儿得以更充分地接触外部环境，通过五官：

眼睛：看到外部的世界，形成视觉；

耳朵：听到外界的音响，形成听觉；

身体：与外界接触，形成触觉；

舌头：品尝食物，形成味觉；

鼻子：闻到气味，形成嗅觉。

触觉、味觉和嗅觉，又统称感觉。

所有的视觉、听觉和感觉，在婴儿的脑神经系统里和身体的神经系统里，都会储存起来，NLP相应地把储存在人的神经系统里的这些信息称为内视觉、内听觉和内感觉，或者统称为感元。

人之所以能够和动物区别开来，在于人有一套发达的神经系统，这套发达的神经系统，首先体现在它能够很准确地"成像"，就好像照相机一样，按下快门，就能够捕捉到视线范围内物体的影像。区别于照相机、录音机的是，脑神经系统不仅可以对外界的物体成像，对外界的声音成像，它还可以对身体的感觉成像。

动物的神经系统也拥有对外界事物成像的功能，但其准确性和敏感度没有人的高，动物储存成像的时间也没有人的长久。人的神经系统对外界的成像拥有一个持久的记忆。

问：这就是为什么有的人通过催眠，可以回忆起很小很小，甚至是一两岁时的事情的原因。

黄健辉：是的。一个婴儿来到世界上，他的眼珠滴溜溜地转，他看爸爸妈妈的脸，观察周围的环境，欣赏他的玩具……在他的小脑袋瓜里，储存了一张一张的图片。

问：这个时期婴儿的脑袋，就好像一台简单的电脑，里面只是储存了一些照片。

黄健辉：婴儿来到这个世界上，他的两只小耳朵也在听着外界的音响，也许是爷爷奶奶哼唱的儿歌，也许是爸爸妈妈吵架的声音，也许是汽车的声音、电视的声音、小鸟的叫声、小狗的哼哼声……这些声音都会储存在脑神经系统里，形成一段一段的音频。

问：这个时期婴儿的脑袋，就好像一台录音机，录制了一段一段的音频文件。

黄健辉：当缺乏食物时，小家伙感觉到饥饿、口渴时，感觉到饥渴，身体的新陈代谢，外界的温度，身体和外界物体的接触、碰撞，食物、气体的味道，这些都会让他的身体有一种感觉，这种感觉也会储存在他的神经系统里。

问：感觉的功能是电脑没有的，也许这就是人和电脑最大的区别。

黄健辉：婴儿对外部世界的接受，没有分别心，都是全盘接受。通过五官，把外界的物体、声音，身体的感觉，不经修饰地装进小小的脑袋瓜里，储存在脑神经系统里。

随着婴儿的逐渐成长，爸爸妈妈，或者是亲人朋友，会有意识地对他进行教育，比如，微笑、眨眼、伸舌头、抓取玩具、吃东西、站立、行走，等等，所有这些，也都会在婴儿的神经系统里，形成一道一道的程序。

问：是的。如果刚出生的婴儿，被狼叼走了去抚养，婴儿就会形成狼的程序，成为狼孩。

黄健辉：随着婴儿的成长，有一天，妈妈抱着他，让他看着爸爸的脸，然后在他的耳朵边不断地重复说："爸爸！爸爸！"

这时候，在婴儿的小脑袋里，发生了什么呢？

在他的脑袋里，有"爸爸的脸"的成像，还有"爸爸"这个声音的成像，两个成像同时发生，叠加在一起，这是一个全新的体验，小脑袋很自然地把这两个成像连接在一起：爸爸的脸＝"爸爸"。

这就是大脑的复合等同功能，两个事情同时发生，我们会觉得，它们是一伙的，是一样的。这也是最原始的因果关系，两个事情，一先一后发生了，我们会觉得，前面这个事情是原因，后面发生的事情是结果。

婴儿躺在妈妈怀里，看着爸爸的脸，听到一个声音"爸爸"，他觉得爸爸的脸和"爸爸"这个声音是一伙的，是一样的；或者说，婴儿先看到爸爸的脸，然后听到一个声音说"爸爸"，他会觉得，只要爸爸的脸出现，"爸爸"这个声音随后就会出现，因此，爸爸的脸是原因，"爸爸"是结果。

问：通过这样的复合等同、因果关系，婴儿学习到：

妈妈、爷爷、奶奶、哥哥、姐姐、叔叔、阿姨；

小猫、小狗、小猪、小鸡、猴子、狐狸、老虎；

苹果、梨子、西瓜、香蕉、葡萄、西红柿；

蓝天、白云、溪水、小河、草地、公园、娱乐场；

……

慢慢地，小孩还学会了理解和表达抽象的词语和句子，比如："妈妈爱你！""痛！""我肚子饿了！""不！""我要！""我喜欢！""为什么？"……

黄健辉：任何一个词语、句子，都来源于一个外在的指向——视觉的、听觉的或感觉的。外在的指向经过内化，即成像，成为内视觉、内听觉、内感觉，用一个更专业的心理学术语来表示，就是意象，外在事物在人的脑神经系统里成像，意象包括视觉意象、听觉音像和感觉意象。

问：意象是人的意识结构中，最原始的一个层次，也可以说是比言语更深的一个层次。

黄健辉：这也是为什么说，意象对话疗法是一种深入潜意识、让人的内在发生深层次转化的疗法。

度：比、比较和相对主义

问：这一节我们讨论哲学与现实的联系。

黄健辉：近代、现代，中国可以说是一个没有哲学的国度，99%的人无法在大脑中建立哲学与现实的联系。

问：哲学是研究万事万物规律的科学，哲学是关于世界观的学说，是以追求世界的本源、共性、绝对和终极的形而上者为形式，以确立世界观和方法论为内容的社会科学。

黄健辉：从研究范畴与跨度来看，哲学从研究最本质、最初的来源，到共性、终极的方向，可以说，它的跨度是最大的，它是所有学科的总和。

问：在哲学的分类中，有两大流派最为普及，即本体论与认识论。本体论是指一切实在的最终本性，它喜欢追根问底，直到宇宙的起源；认识论是探讨认识的本质，认识的前提和基础，认识发生、发展的过程及规律，认识与客观实在的关系。

黄健辉：本体论喜欢问：这个世界存在背后的基础是什么？它的本质是什么？它应该是怎样的？

认识论喜欢说：你之所以认为世界是这样的，是因为你有一个"认识之网"，世界可能是混沌的，也可能是你当前无法感知的另一种情况。假如每个人生下来都戴了一副镜片是红色的眼镜，那么世界就是红色的。我们感知到世界是这般，是因为我们有如此这般的认识形式，通俗点说就是因为我们有如此这般的眼、耳、鼻、舌、身。

假若有一个人，自出生开始就完全丧失了常人的感官功能，即没有眼、耳、鼻、舌、身的感官知觉，那么他的世界是什么样的呢？

问：你能举一个例子吗？

黄健辉：比如说，关于人、人生，本体论者喜欢问：人是什么？人应该有怎样的生活？人应该有哪些权利？有什么义务？什么样的价值观是符合人性的？哪些价值是我们应该追求的终极价值、绝对价值？

问：那认识论呢？认识论对人、人生的解释又是什么？

黄健辉：认识论者认为，整个世界都是建构在你的"认识之网"中，没有这么多应该与不应该，这个世界之所以如此，是因为你这样认为，人生只是一个过程，没有绝对的、终极的价值，一切概念、观点、价值都是相对的，整个理性的世界，都是建构在感官的成像、区分和比较之上的。

问：我内心有一种震撼的感觉！

黄健辉：哦？为什么？

问：长久以来，有两种世界观在我内心深处挣扎。

一种属于"本体论"式的：我觉得人生应该积极进取，应该追求成功，人生应该有它的意义和方向，人应该有它推崇的价值。

一种属于"认识论"式的：功名利禄不过是过眼云烟，只是满足了"小我"一时的痛快,每个人都有他不同的世界观与价值观,积极与消极、成功与失败,都是相对的,人生并没有绝对的价值与意义,甚至是快乐与痛苦,都没有谁更好可言。

黄健辉:老子说:有无相生,难易相成,长短相形,高下相倾,声音相和,前后相随……祸兮,福之所倚,福兮,祸之所伏。

有和无相互依赖而产生,难和易相互对立而促成,长和短相互比较而存在,高和下相互包含而形成,音和声相互协调,前和后相互依伴……坏事可以引出好的结果,好事也可以引出坏的结局,福与祸相互依存,可以互相转化。

这几句话几乎隐藏了古人对世界的认识的最高智慧。再重复一遍:我认为,整个理性的世界,都是建构在感官的成像、言语的区分和比较之上的,一切推理、演绎和结论,也都是建立在这个基础之上。

我想,我要表达的意思,与李泽厚先生在《历史本体论》中阐述的是一样的:度,是第一性的,应该把它提升到本体的高度。人类首先是以生存为目的,为达到生存的目的,在实践与劳动的过程中,就必须要掌握分寸,把握好度,让事物发展得恰到好处。

如何算是把握好度,这就隐含了区分、对比和比较的思想。

问:我有一点不明白,为什么说理性是建构在感官成像的基础之上?

黄健辉:你可以想象,一个白白胖胖的婴儿,他可以在人群中认出自己的爸爸,对爸爸微笑,那是因为在他的小脑袋瓜里边,早已储存了一张他爸爸模样的"底片",当爸爸的脸再次出现在眼前时，小脑袋瓜抓取到的成像与底片一样，于是建构了一道程序：成像＝底片＝爸爸→微笑。

这就是 NLP 最原始的定义和举例：

"成像和底片"在脑神经（N）的层次发生；

"爸爸"在语言（L）的层次发生；

"微笑"属于行为（P）。

或者说微笑是属于整个程序（P）上的一个结果（感官可以直接经验到的一个结果，或是语言可以做出判断的一个结果）。

如果人的脑神经系统成像的精确度达不到一定的标准，成像的功能损坏了，就好像一台照相机给人照相，只能显示出一个大概的轮廓，那我们是很难根据这个轮廓辨认出被拍照的人的。

视觉成像是视觉语言的基础，比如，名词爸爸、妈妈、苹果、雪梨、小猫、小狗……婴儿学习这些名词的时候，只有一道简单的程序：成像→语言。

听觉成像是听觉语言的基础，比如，爸爸、妈妈说话，语音、语调的高低不一样，听声音，婴儿可以知道是谁在说话，"爸爸""妈妈"发音不一样，婴儿可以知道是代表两种不同的事物。

感觉成像是感觉性语言的基础，把手放进一桶快结冰的水里，这种感觉我们称为"冰冷"，把手放到燃烧的煤炭上面烤，这种感觉称为"炙热"。

问：很多人喜欢问这个问题：人与动物最大的区别是什么？有人说是理性，有人说是语言，有人说是人有思维，还有人说是人类有一套伦理道德。

黄健辉：当然这些答案都对，但也都不完整。人与动物的区分，在成像这个环节上，是最主要的分水岭之一。

也许对于鸡这种动物，男人和女人站在它前面，它在脑神经中的成像无法区分出两者的不同，更不要说区分出不同的男人的脸了，因此在鸡这种动物的大脑里，它的视觉语言是极少的，它只能区分出公鸡和母鸡、蚯蚓和小石头这样的类别。

同样，鸡对于声音的区分也非常有限，也许只是简单的高低音的区分，因此它的听觉语言也很少。

感觉的区分也是如此。

问：婴儿在还没有学习语言的时候，就能够对感觉的成像进行区分，最明显的例子是，哪怕是在半睡半醒的状态，母亲抱着他，婴儿也会感觉很舒服，睡得甜甜的，慢慢进入梦乡。要是母亲想去做点别的事情，把婴儿转给另一个人抱，你会看到婴儿"哇"的一声哭出来，一百个不愿意。

这说明，婴儿在学习语言之前，就可以通过感觉（触觉、味觉、嗅觉）成像，区分出母亲和其他的人。

黄健辉：人类的身体和脑神经，是一部高、精、微的系统。一切的语言、文化、逻辑、推理、理性和价值观等，都是建立在这个基础之上，人类所有的成就，也都是建立在这个前提之上。

问：成像是语言和理性的基础，那你前面又为什么要把李泽厚的"度"扯进来，把区分、对比和做比较也说成是语言和理性的基础呢？

黄健辉：人的身体和神经系统可以对外部世界精确成像，录像机和电脑也可以对外部世界的视觉和听觉精确成像，为什么电脑、机器人无法跟人类相比呢？其中一个重要原因是因为电脑没有对感觉成像的功能；当然还有一个最重要的区别，是人对成像能够自动进行区分和对比。

关于后面的这一功能，有的人把它称为"意识"，有人把它称为"明白"，有人把它称为"空性"。

问：对比的思想，一般人只能够理解到一个很粗浅的层次：困难是相对于容易而言的，漂亮是相对于长得丑而言的，有钱相对贫困，高相对于矮，悲惨相对于幸福……

选择不同的参照标准，你的结论就会不一样，也许你的心情和感觉也会不一样，因此，不以物喜，不以己悲，这是判断人的境界与觉知力的一个标准。

黄健辉：有的NLP导师，用一个非常形象的说法：你看这个"比"字，是怎么写的，由两个"匕"组成，也就是两把刀，当你拿自家的老公与别人家的老公做比较时，当你拿自家的孩子与别人家的孩子做比较时，也就是将两把刀插进了他们的心中，你觉得他们会舒服吗？你深深地伤害了他们的内心，学过NLP的人不会这样做，不要做太多的比较。

问：是的。有很多身心灵导师不假思考地持这样的观点，他们认为，人有这么多烦恼和痛苦，都是因为人们做比较，因此，他们提倡，人应该回归到婴儿的状态，婴儿，是那么纯然、天真和可爱，婴儿不会跟别人攀比，婴儿不会觉得自己长得丑，也不会去比较谁家更有钱，所以婴儿没有烦恼，婴儿的开心和快乐是最纯粹的，婴儿总是能够活在当下。

你认为，这样的观点和方法，行得通吗？

黄健辉：我们先来研究，人，是否真的可以不做比较？

李泽厚说，度，是第一性的，应该把它上升到本体的高度。因此，在他的著作《历史本体论》第一章"实用理性与吃饭哲学",第一节赫然就是——"'度'的本体性"！

我认为，度在人类的劳动与实践中的具体体现，就是做区分和比较。

并不只是高和矮、美和丑、善与恶这样的词语和观念，才是通过比较得出结论的，哪怕是桌子、苹果、爸爸、妈妈……这样的名词，也都是通过做区分和比较，才能够成立。

任何事物，当人们给它命名之后，它也就相应地具有了定义，成为"特指"，人们把这种圆圆的、有点甜的东西叫"苹果"，桌子不具备这些特征，所以桌子不能叫苹果；沙梨也是圆圆的，吃起来也有点甜，但它的颜色不一样，味道也不同，所以也不能叫苹果。

苹果有一个稳定的名称，是因为它有一种自身特有的性质，这种性质能够让人们把它和其他事物区分开来。

问：因此，可以说，所有事物的名称，名词、形容词、动词，所有的语言，都是通过区分和比较，才具有了稳定的意义和内容。

黄健辉：是的。没有比较，就没有人类的诞生。

问：哦，那么，身心灵导师的话不可以听？可有的学员听了，不再做比较，确实也达到减轻痛苦的效果了！

黄健辉：许多导师因为不明白意识发展的整个过程，所以会轻率地得出一些结论。这些结论当然有可能带来不错的效果，但这不能够说明他的结论是好的。

比如，有一个人非常痛苦，他无法忍受，他去找心理咨询师，他咨询的目标是不想要这个痛苦。

痛苦属于情绪和思想的层次，你要消除这个痛苦，当然可以有以下的办法：

1.自杀：消灭这个身体，同时也消灭了思想和情感，自然就不会有痛苦，但这并不是一个好的办法。

2.你把他变成植物人：身体的新陈代谢还在，但是没有感觉和思想了，自然不会有痛苦，这也不是一个好办法。

3.精神病人、疯子，他们没有烦恼和痛苦，但这也不是我们要的方向。

4.狼孩没有人类的烦恼和痛苦，但狼孩也不是人类教育的方向。

5.不做对比，不做比较，回到婴儿的状态，这当然可以减少人们的痛苦，增加快乐，但这也不能够说是完全正确的方向。如果说退回到婴儿状态是解决痛苦和烦恼的最佳办法，那我还有更厉害的：你退回到动物的状态更加厉害，退到植物的状态更加厉害，退回到一块石头的状态更加厉害。

完全不做对比、不做比较，这是不可能的。只要人们使用语言，就已经有对比和比较的思想在里面。

有的女人因做比较而感到痛苦，多半是因为她在比较中含有了要求和渴望，觉得别人家的老公更勤奋、聪明、有钱，她认为她的老公也应该这样，她的孩子也应该聪明、勤奋、学习成绩好。

问：事实上，不只是痛苦和烦恼由比较而来，有时候开心、兴奋和喜悦，也是从比较而来的，比如说，涨工资了，捡到钱了，获奖了……这些让你开心和快乐的事，不都是通过比较才有的吗？

黄健辉：是的。如果要准确地理解身心灵导师的话，不做比较，事实上应该是特指：不做某一类比较，不做让对方、让自己不开心、减少能量的比较。

问：嗯，这话就说得很有技巧。

黄健辉：在我的NLP课堂中，我会告诉学员：一个充分掌握了"度：对比、做比较"思想的人，一个充分掌握了NLP技巧的人，他能够根据需要、根据想要的结果，而快速在不同的参照系中做对比、做比较，得出非同一般的结论，进而最大限度地调动自己或是他人的感觉、情绪，令自己或对方产生你想要的行动，从而获得想要的结果。

问：你可以举个例子吗？

黄健辉：比如说，你8岁的孩子，读小学二年级，有一天回家，拿着考试试卷让你签名，你发现他考了49分！

你是生气、愤怒、想指责，还是怎样？你准备要跟孩子做一次交流和沟通。

无论你有什么样的情绪，首先，你要问自己一个问题：

这次沟通，我想要的结果是什么？

问：当然是让孩子今后努力，认真学习，同时，能够令他对学习有信心，让亲子关系更加亲密。沟通完之后，孩子的能量大长。

黄健辉：确定了想要的结果，我们就可以根据情况，选择不同的参考对象，并得出一些结论。

对话可以是这样的：

爸爸：孩子，你居然考了49分！我想问一下，班里有没有人考了三十几分的？有没有一些考了二十几分的？

孩子（眼睛一亮）：当然有啦！XX同学……XX同学……还有一个同学考了0分呢！他考试的时候睡着了！

爸爸：哦，考0分的那个同学叫什么名字呢？他……

你会发现，当跟比49分更低的同学做对比时，孩子是很有力量的！很有信心的！很有状态的！

在这个过程中，爸爸就可以对孩子各个方面的优点进行肯定、强化！

这样的沟通，孩子的能量是越来越高的，状态是越来越好的。

当然也可以根据情况，再谈谈孩子之前的考试成绩，以前很好，把之前好的行为和方式复习一遍。

也可以跟其他考得更好的孩子做比较，让他看到更多的可能性。

问：啊！我好像突然之间想通了！开悟了！

不同的比较，不同的参照对象，就可以得出不一样的结论！

你可以根据你想要的结论、想要的结果，来设计你做比较的对象！

黄健辉：是的。在我的"NLP专业执行师"课堂中，会跟学员分享：

几乎所有的销售，在沟通、谈判中，都运用了对比、比较的思想；

几乎所有的商业活动中，都运用了对比、比较的思想；

几乎所有的人类活动中，都运用了对比、比较的思想。

偶然性与必然性

问：我是谁？我从哪里来？我要到哪里去？这是人类探索的永恒的主题。

黄健辉：人是什么？究竟应该如何认识人、研究人？根据肯·威尔伯的分层次思想，我们可以大致在四个层面上了解人：身体的、情感的、理性的和灵性的。

问：在四个层面的追求分别对应生存和健康、喜悦与平和、觉知力与逻辑、爱（意义和价值）。

黄健辉：每一个层面都有它的需求，当需求无法得到满足时，则会产生烦恼和痛苦。

问：嗯，这一节我们主要探讨哪个层面的主题呢？

黄健辉：从题目来看，它应该属于理性层面的。

问：理性层面的诉求点是觉知力与逻辑，这句话怎么理解？

黄健辉：婴儿一出生就对这个世界怀有好奇心；每个孩子，当他学习到新的本领时，都会特别开心和喜悦；当人们满足了身体层面、情感层面的需求后，他们还会看书、学习、思考和研究……这一切都说明，追求更宽广和更有深度的觉知力，也是驱使人类行为的最大动力之一。

在理性这个层面，人类还有一个偏好，那就是追求逻辑。

问：你是怎么定义逻辑的？

黄健辉：逻辑在哲学与科学领域，是指符合规律，符合演绎、推理的法则，符合因果定律。在生活中，在心灵成长领域，人们追求逻辑最重要的体现是：符合原来的信念，信念、价值观等能够表述一致，不互相矛盾。

问：你可以举个例子吗？

黄健辉：比如，有的太太喜欢拿自家老公与别人家的老公做对比，她觉得从长相、学历、身高、聪明程度，从行业、单位、家庭背景，自家的老公没有一样比别人家的老公差，可收入和升迁为什么差距就这么大呢？

她想不明白，她觉得这个不符合常理，不符合逻辑，在她的头脑中，有两组针锋相对的信念和价值观：

1. 老公应该有更大的出息。
2. 实际上老公表现却很平凡。

理性层面上的矛盾、纠结，信念和价值观的冲突，如果深入往前推导，你会发现，它们根源于对事物理解的两种不同的世界观，或者简单说，根源于两种不同的信念。

问：这就是必然性和偶然性？

黄健辉：是的。

问：什么叫必然性？

黄健辉：假设事件的发生受N个方面因素控制，当N个因素都具备了，事件一定会发生，这就是必然性。

问：你可以举个例子吗？

黄健辉：比如，某家公司招聘员工，它对面试者的要求是：女性、本科学历、心理学专业、身体健康。

只要符合这四个条件，就会被录取。

芳芳，完全符合这四个条件，她去这家公司应聘，被录取了。

我们说，芳芳被录取是必然的。

问：哦，偶然性又是指？

黄健辉：人们从经验总结中认为，事件的发生受 N（N=常数）个方面因素控制，当 N 个因素都具备了，事件有可能发生，有可能不发生，这就是偶然性。

问：举个例子？

黄健辉：比如，现在的女孩要嫁人选老公，都想选一只潜力股，潜力股受什么因素控制呢？她会比较若干方面：学历、能力、家庭背景、长相。

起初，女孩选的老公在社会上这四个方面都处于优势。可是若干年过去了，按照这四个方面选择的老公，有的已经涨得很高，有的却业绩平平，有的还跌到下面垫底。

这就是事件的偶然性。

问：人们从过往经验中，总结出事物发生、发展的特点和规律，符合原来经验的，我们就说事情的发生具有必然性，不符合原来经验的，我们就说事情的发生具有偶然性。

黄健辉：一个三岁的小孩，去玩饮水机的水龙头，手被开水烫伤了，他总结出经验：玩饮水机，手会被开水烫伤，所以饮水机不能玩。

问：是的。玩饮水机，手就会被烫伤，在三岁小孩的眼中，他觉得一个因素（玩饮水机）就能够导向一个结果（手被烫伤），这就是最简单的必然性推测。

黄健辉：人慢慢长大，人们经历的事情也越来越复杂，逐渐地，人们会从两个因素、三个因素……N 个因素来推测事情的发生和发展。

当人用必然性的模式来思考和总结时，思维会容易陷入僵化，他觉得结果只能是这样，结局只能在他预测的范围内发生。而当结局出乎他的意料时，他就会纠结，他无法接受，内在会进行对抗，或者是逃避。

问：你可以举个例子吗？

黄健辉：比如说，一个女孩，她选老公的时候，期待选中一只潜力股，在她有限的人生经验中，她觉得学历、能力、家庭背景和长相，这四个方面的因素主导着一个男人的发展，她对这个男人投注了很多期待，她觉得老公应该有如此这般的成就。

可若干年过去了，她所期待的成就并没有发生。当她只有一种"必然性"思维的时候，内心就会纠结，她无法接受这样的结果，因为这样的结果跟她的世界观、她的信念不吻合。

她内在会进行对抗，或者是逃避。这股内在的能量也许让她成为怨妇，天天数落丈夫，对丈夫唠叨，或者让她抑郁，她觉得自己的命运很悲惨。

问：嗯，这是必然性思维会带来的坏处。那么，如果相信这个世界是偶然性的，命运又会怎样？

黄健辉：偶然性的世界观认为，在因果、规律、必然性的背后，存在着更深刻的相对性、无序性和不确定性。

一切皆有可能。

任何一个事情发生，背后皆有无限的因缘。一个事情的发生受N个因素控制，N不是一个固定的常数，N趋于无穷大。

偶然性的世界观不会让人纠结：为什么会这样？为什么他

要这样对我?

不管事情如何发生,不管结局是怎样的,它都符合你的信念——世界是偶然性的。

NLP中的预设前提是:没有两个人是一样的。往前推导若干个层次,就会跟"世界是偶然性的"连接上。

问:这么说,偶然性的世界观,是一种谦虚的、让人敬畏的世界观。怀着一切皆有可能的心态,对已经发生的事情,存有一颗敬畏、接纳的心。

两种不同的世界观,代表着两种不同的心态?

黄健辉:是的。日常生活中任何一个具体的行为、思想和情感,背后都连着一个深刻的道理,如果我们能够透过层层面纱,看清背后的真相,我们的行为、思想和情感,也就会得到更大程度的解放和自由。

问:偶然性的世界观认为,一切皆有可能,事情的发生由无数个因素控制,那当我们要具体去计划和追求一个目标时,能够掌控的因素总是有限的,也就是说事情的发展也许并不在我们的主导之中,这样的想法和心态,会不会有点消极?

黄健辉:看清真相,我们才能够运用真理。

在不同的时空角度和情境中,调出对我们有意义的世界观,这就是智慧的体现,这也是我想赠送给你的礼物。

问:世界观就是某一类信念群的概括,经过NLP的学习,人们一般能够快速、准确地抓取某一个信念,而经过阅读本书,你想提供给读者的是什么?

黄健辉:掠过层层的信念和价值观,人们能够快速、准确地触及隐藏在背后的真相——所有的信念和想法,都不过是基于某一种世界观、某一类对世界的解读。

问：当我们的眼光放在将来，当我们要去计划和实现某个目标时，我们应该调出必然性的世界观，相信思想和行为由自己主导，N个因素可以掌控，事情正在朝着期待的方向发展，必然性的世界观让我们的思想专注，让整个团队拥有凝聚力，拥有信心和勇气。

黄健辉：这就好像要去执行一个任务，带领部队的将军要用必然性的世界观，用必然性的信念，相信我们一定可以赢得战斗的胜利，可以打败敌军，拿下这个山头！

可是统帅不能只拥有必然性的世界观，统帅必须同时拥有偶然性的世界观，统帅必须同时做两手准备，哪怕他真的百分之百相信这场战斗可以胜利，假如这场战斗失败了，下一步应该怎么办？再下一步应该怎么办？

问：统帅是能够把各个角度的可能性思考到极致的人？

黄健辉：是的。无论是战场上的统帅，还是商场中的领袖，都需要拥有这样的能力。

在面对一个事情时，可以同时拥有两种不同的世界观，并且享受两种世界观带来的好处。

同时减少、降低每一种世界观容易导向的盲点。

例如，当我们要推进一个计划时，我们用必然性的世界观来凝聚思想，增强信心和勇气，同时我们还可以用偶然性的世界观来准备迎接更大的恩典，超越原先的目标。

问：必然性世界观的好处：

生活中说的百分之百相信、坚定不移、毫无二心、执着、坚持等，来源于必然性的世界观。

必然性的世界观可以凝聚思想，增强团队凝聚力，增强信心和勇气。

必然性世界观的坏处：

生活中说的一根筋、固执、我执等。

思维容易僵化，看不到更多的可能性，不容易做出改变、改革，不会灵活变化。

偶然性世界观的好处：

生活中说的一切随缘，一切都是最好的安排，一切皆有可能等。

偶然性的世界观会考虑更多个角度、更多种可能性，会更全面，容易灵活变化，随时调整，准备若干套方案。

偶然性世界观的坏处：

生活中说的变化比计划还快，三天打鱼两天晒网，这里搞一下那里搞一下，没有原则，没有专注，没有持续的目标等。

思维太过发散，无法专注，无法聚集，无法持续，带团队的时候没有统一思想，就像一盘散沙，没有统一的行为等。

黄健辉：必然性和偶然性，理性和非理性，意识和潜意识，不同的世界观对应着不同的信念群。

而不同的信念群，会导向不同的行为，不同的行为，会导向不同的结果，从而影响每一个人的人生命运。

问：我突然间明白了！

你讲的世界观，偶然性与必然性，度、比较、对比的思想，意识的起点，宇宙大精神，空间与时间，层次系统，进化，包括全子的规律等，这些都是"道"的层面，如果一定要用NLP来解释，第一章其实是讲理解层次中最高的那个层次：精神。

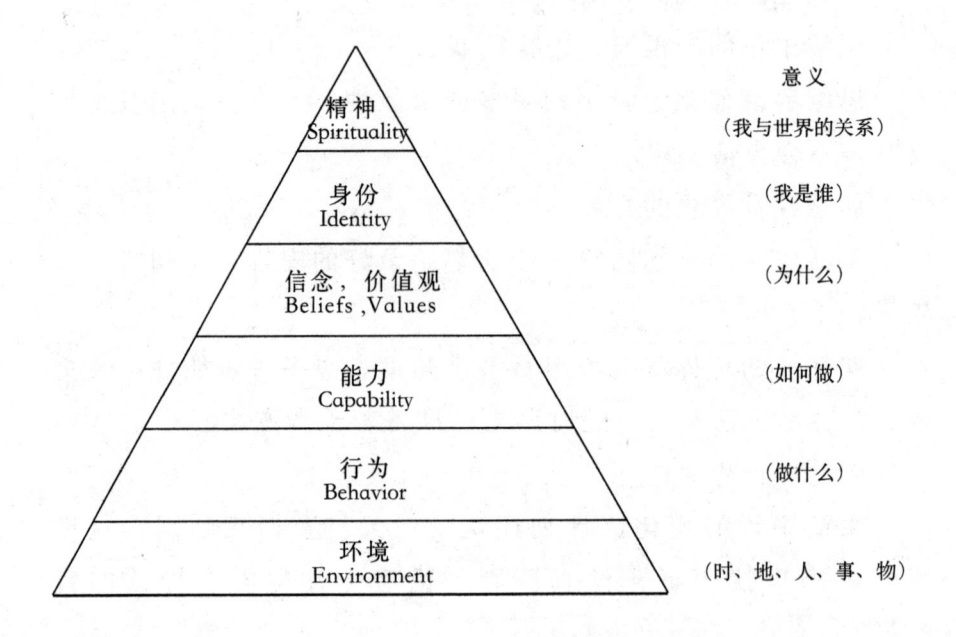

层次	意义
精神 Spirituality	（我与世界的关系）
身份 Identity	（我是谁）
信念，价值观 Beliefs, Values	（为什么）
能力 Capability	（如何做）
行为 Behavior	（做什么）
环境 Environment	（时、地、人、事、物）

黄健辉：是的。高的层次会决定、主导、影响更低的层次，反过来，低的层次的部分也会促进并反作用于更高层次的变化。

如果用发展的观点来看待NLP，未来，人们会说，第一章的内容，其实是讲组织理解层次中最高的那个层次：道。

道，就这样横空出世！创造了这个世界！

道，在进化中创造了人类，创造了人性！

人性与外在世界在相激相荡中产生了人类早期的文化（历史文化）。

逐渐地，人们从文化中提炼出普世的规则和制度。

规则和制度定出来后，人们根据人性、根据规则产生普遍的新的行为和思想，从而形成一种与规则和制度相关的文化，我把它称为当下文化。

人是受环境影响的产物，最直接的是受当下文化的影响，从而影响他的世界观、身份定位、信念、价值观、规条、能力、经验和选择、行为、结果。

问：这就是你说的组织理解层次？

组织理解层次

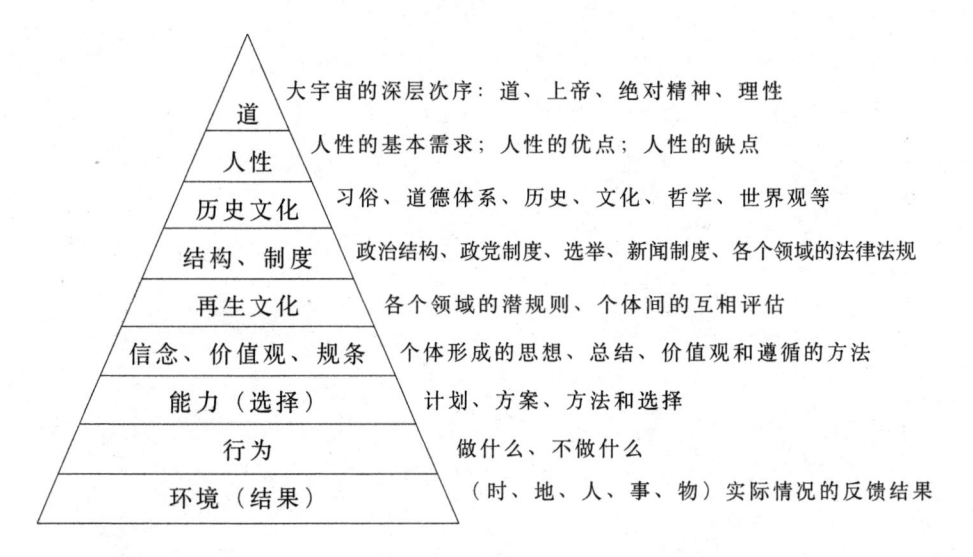

- 道 —— 大宇宙的深层次序：道、上帝、绝对精神、理性
- 人性 —— 人性的基本需求；人性的优点；人性的缺点
- 历史文化 —— 习俗、道德体系、历史、文化、哲学、世界观等
- 结构、制度 —— 政治结构、政党制度、选举、新闻制度、各个领域的法律法规
- 再生文化 —— 各个领域的潜规则、个体间的互相评估
- 信念、价值观、规条 —— 个体形成的思想、总结、价值观和遵循的方法
- 能力（选择）—— 计划、方案、方法和选择
- 行为 —— 做什么、不做什么
- 环境（结果）——（时、地、人、事、物）实际情况的反馈结果

黄健辉：是的。组织理解层次，我在第四章会有详细的解说。

问：你的分享，让我的意识，我对"我"的了解扩展多了

10倍、100倍，甚至100倍以上！

黄健辉："我"，是比我们的身体、我们的情感、我们的信念和世界观都要更大、更深邃的本体。我们不是要为某种信念、某种世界观殉道，而是应该让信念、让世界观为我们所用，造福人类。

这应该是所有学问遵循的基本点。

第二篇 人是什么

  我能了解我的思想，也能凭直觉感知我的思想。能够被知道的东西并不是真正的知道者。思想涌向我，思想又离我而去，但是它们并不影响内在的我。我有思想，但我不是我的思想。

  我在看、在听、在感觉、在思考……

对永恒而言，存在的只有当下，当下是唯一不会结束的东西。

——肯·威尔伯

我 是 谁

问：把人作为研究对象，分为四个层次：身体的、情绪的、理性的和灵性的。你认为这样的理解具有全面性和深刻性吗？

黄健辉：这至少是目前我接触到的最全面和最深刻的一种见解。

问：各个层次之间，它们是什么样的关系？

黄健辉：根据肯·威尔伯的理论，它们是高级与低级、包含与被包含的关系。

身体是最低的一个层次，情绪的层次比身体高，理性的层次比情绪高，灵性又是比理性更高的一个层次。

高层次的性质，包含比它更低层次的所有性质。

问：为什么说情绪比身体的层次更高呢？

黄健辉：假设，如果把身体的整个组织破坏了，情绪也就无法赖以存在，反之则不成立，比如，一个植物人，他已经没有情绪的体验，但他的身体还存在。因此说，情绪是比身体更高的一个层次。

同样，如果破坏了一个人的情感层次（感觉、情绪），他也就无法使用语言，无法获得理性层面的发展，所以说理性是比情感更高的一个层次。

当一个人没有理性作为基础时，同样也无法获得灵性上的成长。

问：哦，那是不是说情感比身体更重要，理性比情感又更重要？

黄健辉：错！我们说理性比情感高级，情感比身体高级，这是一种自然的等级关系，不是理性比情感更重要，情感比身体更重要，相反，是情感比理性更重要，身体比情感更重要。因为更高的层次包含所有比它更低的层次，也就是说，低层次是高层次的组成部分，低层次是高层次的基础。

问：可在社会劳动中，各个层次的价值似乎是不一样的。

黄健辉：是的。越低的层次，越重要，是基础，是组成高层次的一部分；但同时，越高的层次，社会赋予它更高的价值。比如说，要注入情感能量的劳动，其价值往往高于只需体力的劳动，要注入理性智慧的劳动，其价值又高于情感层面的。因为高层次的劳动，已经包含了所有比它更低层次的价值。

意识发展的四个水平线

问：回到那个古老的问题，那么，人是什么呢？人就是这四个层次吗？

宁静的夏夜，繁星满天，苍穹浩瀚，当你仰望星空，也许你曾经天真地、默默地问过自己这几个问题：我是谁？我从哪里来？我要到哪里去？

黄健辉：是呀！我是谁呢？到底哪一个角色、哪一个身份，才是真正的我？

问：难道说，四个层次，代表了四种不同的意识觉知水平？

黄健辉：也可以说，四个层次，代表了一个人意识进化的四个不同阶段。

比如说，婴儿，他的意识只认同到身体的层次，他的身体受到内部冲动和外部环境的刺激，肚子饿了、渴了、需要排泄了，他就会大哭大闹，这个阶段的自我，认为身体的需求，就是他的全部。

当婴儿顺利地走过身体的自我阶段，他会来到一个新的阶段：情绪的自我。这个阶段的自我能够分辨出感觉和情绪，是与身体的饥、渴、性冲动等完全不一样的体验。一个婴儿，当肚子饿了，他并不认为他就完蛋了，然后他就需要大哭大闹；可是一个7到13岁的孩子，如果爸爸妈妈根本不关心他、不爱他，他身边的人都看不起他、忽视他，他会认为他完蛋了，他没有价值，他没有资格，因为这个阶段的自我，认为情感的、情绪的需求，就是他整个的自我。

随着孩子慢慢长大，他不会只满足于情感的需求。他会分析、思考，通过横向、纵向比较，选择与相信某一类信念、价值观，当他确信某些行为是符合他的信念与价值观时，即使是不开心、不快乐的事，他也会坚持去做。这个阶段的自我，超越了情感的层次，来到了理性的层次，理性的自我认同于信念和价值观，他会认为，整个自我，就是他所相信的信念。

问:"生命诚可贵,爱情价更高,若为自由故,二者皆可抛。"这首诗写了意识的三个层次,其意识的认同也来到了第三个层次——理性的层次,为信念而活。

黄健辉:当一个人的意识觉知水平超越了理性层次,他即有机会来到灵性层次。

问:当一个人来到灵性的阶段,他的意识状态又是怎样的呢?

黄健辉:一个人的意识发展到灵性的阶段,至少会有以下几个特征:

一、他是一个真人,真实、自然而放松。

二、身心合一,有着敏锐的身体感知能力和宽广、深邃的觉知力、洞察力。

三、情感上宁静而绽放,喜悦而平和,不是没有痛苦,不会生气,没有愤怒,而是如实体验各种情绪,并能够敏锐地觉察,同时也能够在各种情绪之间快速抽离和转换。

四、他有坚守的信念和追求的价值,明白这些信念、价值的发生、发展的过程,他也可以随时放下任何一个信念,或者根据需要,创造一个想拥有的信念。

五、拥有大爱,所作所为符合道的运作规律。

六、超越身体的局限,超越情感的局限,超越理性的局限,与时间合一,没有过去,没有未来,这一刻即代表永恒,与万物合一,与道合一,万物都是道,是宇宙大精神的体现,所谓心中有佛,所见皆佛。

觉知力训练

问：我们如何能够提升意识的觉知力，以便可以穿越身体、情感、理性的阶段，进入灵性的阶段呢？

黄健辉：从整个人类历史看，意识的进化是漫长而久远的，整个人类的历史，就是一部意识进化与显化的历史。

提升意识的觉知力首先从认识自我开始，这是一个向内求索的过程。当然，你可以学习前人的经验，比如说，阅读智者的书籍，《老子》《庄子》《论语》，以及亚里士多德语录。对于大多数人而言，通过参加心理学工作坊、体验式课程，是提升意识水平最快和最有效的方法。

问：有没有一种通过简单的自我训练，也可以达到提升意识觉知力的方法？

黄健辉：有。这种方式的提升，因人而异，要看机缘，以及训练者的恒心和毅力，以下这一段话，你只要反复地默默念诵，用心去体会，也能够达到提升意识觉知力的效果：

我有一个身体，但我并不是我的身体。我能够看到、感觉到我的身体，凡能被看到、被感觉到的东西不过是被看到、被感觉到的东西而已，并不是真正的看者。我的身体也许感到疲倦，也许正精力充沛，也许它生病了，也许它很健康……但这都不能代表我。我有一个身体，但我并不是我的身体。

我有情绪，但我不是我的情绪。我能够感觉到、认识到我的情绪。凡能被感觉到、被认识到的东西并不是真正的感觉者。情绪向我袭来，情绪又离我而去，情绪并不影响内在的我。我有情绪，但我并不是我的情绪。

我有欲望，但我并不是我的欲望。我能知道我的欲望是什么，凡能够被知道的东西并不是真正的知道者。欲望有来有去，漂浮在我的觉知之间，它们并不影响内在的我。我有欲望，但我并不是我的欲望。

我有思想，但我不是我的思想。我能了解我的思想，也能凭直觉感知我的思想。能够被知道的东西并不是真正的知道者。思想涌向我，思想又离我而去，但是它们并不影响内在的我。我有思想，但我不是我的思想。

我在看、在听、在感觉、在思考……

人类文明的四个阶段

问：太棒了！整个人类的文化，似乎也经历了这四个阶段，在生产力极为低下的原始社会，人类受身体冲动和生存的驱使，那个阶段，人们与猛兽、与自然做斗争。

随着生产力的发展，剩余劳动产品增多，人类进入奴隶社会与封建社会，这个时期的人，尊崇历史、世俗所形成的文化、制度，整个人类的思想和行为，受制于情感上的皈依与信仰，西方漫长的中世纪历史，人们都活在对上帝的敬仰与恐惧之中。

工业革命到来，揭开了理性的时代，这个时期，社会生产力得到极大发展，科学、艺术和文化都取得了辉煌的成就，人类的思想也获得了前所未有的解放，革命阶层为了"平等、民主和自由"而战斗，为理想与信念而战斗。

黄健辉：嗯，也有人用农业革命、工业革命、信息革命和意识革命来形容各个时代的变革。

意识革命也就是指我们所说的灵性阶段吧，有的学者把它称为后人本主义、后现代，大致都是指20世纪到当今这一个阶段，不同的流派，强调的侧重点不一样。

问：当人类的历史即将迈进灵性阶段时，你认为我们应该注意一些什么？

黄健辉：首先，我们应该相信：我们在路上，前面有一盏灯。

任何阶段的世界观，都会有其相应的一整套信念、价值观和规则，任何一个阶段的世界观，都会被更高层次的世界观取代，就好像农业文明必定取代狩猎文明、工业文明必定取代农业文明一样，人类文明也一定会超越理性阶段，进入一个更高的层次——灵性阶段。

问：你认为，各个阶段不同的世界观，它们之间是一种怎样的关系？

黄健辉：它们是一种包含与超越的关系，并不是说后来的世界观全部颠覆了原来的世界观，而是继承原来世界观中合理的部分，把不合理的、过时的理念和规则去除，换上更具包容性、更具合理性与效益性的规则。

身 体

问：身体这个层次，你觉得需要注意哪些方面？

黄健辉：任何一个全子，都具有"自主、共享、超越、退化"四个方面的特征，自主性即保持自身作为一个整体的完整性。

身体要保持自身的完整性，以下的需求必须得到满足：新陈代谢、细胞的健康、饮食，以及性的需求。

通俗一点说，人在身体层面的诉求是：健康、充沛的精力和性的满足。

健康的饮食

问：嗯，如何能够保有健康的身体和充沛的精力？

黄健辉：首先你得有一个健康的饮食习惯。经过专门研究那些长期保有健康体魄和充沛精力的人，人们发现他们在饮食上有一套行之有效的方案。

总的来说，要多吃富含水分的食物，多吃新鲜的水果和蔬菜，或是多喝鲜榨的果汁。

医学研究表明，如果身体内水分摄取不足，血液比重就会升高，身体组织及细胞产生的废物，就不易排除出去。

我们的饮食应当有助于体内的清理过程，而不是让那些不消化的食物来加重身体的负担，当体内清理过程不畅通时，堆积的废物便会产生毒素，导致疾病。

身体健康与否，全看细胞品质的好坏。如果血液里都是细胞排出来的废物，就等于让细胞生活在一个糟糕的环境中，无法让它强壮、活跃、健康。

其次，要有好的饮食搭配。因为不同的食物，有不同的消化方式,而人体内的有些消化方式是不共存的。比如,淀粉类（米饭、面、马铃薯等）的消化，得借助于口中的唾液；而蛋白质类（肉类、奶制品等）的消化，就得借助于胃中的胃液。前者属于碱性消化，后者是酸性消化。

根据化学反应原理，酸遇到碱会相互中和，如果你把蛋白质类和淀粉类一同就食，消化过程就会受到破坏而变得缓慢。这时胃中尚未消化的食物就成为细菌的温床，使那些食物发酵而腐败，造成肠胃失调。

像这类互斥的食物搭配，会在体内产生某种物质，不仅削弱精力，而且有可能使人得病。

你是否有过这样的经历：过年、过节，或是朋友聚会，一大桌各种各样的美食，你猛吃一顿，可是晚上，甚至第二天都感到无精打采、犯困？

因此建议各位，不要在同一餐里，既吃淀粉类食物又吃蛋白质类食物。

清晨醒来，即使是睡了七八个小时，仍会觉得很困，往往是因为你虽然在睡眠，可身体却仍然在加班工作，以消化那些在胃里相互排斥的食物，造成精力的消耗。

当食物搭配不当时，消化过程会延长到8至14个小时；反之若搭配得当，消化器官便能有效地工作，只要三四个小时便可消化完毕。

对许多人而言，消化是最耗精力的体内活动。因此，如果你消化顺利了，也就相当于为身体储备了精力。

第三，要控制食量，吃得少，活得长。

科学家早在70多年前就发现，如果让老鼠、狗等动物保持一定程度的饥饿状态，它们的存活时间要比正常进食的同类多出40％。

美国科学家推论，人类如果采取适度节食这种饮食方式，寿命有望增加 20—30 年。

因此，如果你喜欢多吃的话，就请多吃蔬菜和水果类。

第四，水果的吃法要正确。水果容易消化，且能提供大量的养分，所以是最佳的食物。大脑需要的最主要的养分是葡萄糖，水果含有大量可以转化成葡萄糖的果糖，并且水果含有 90% 以上的水分，吃水果具有清理体内垃圾和滋养大脑的双重效果。

需要注意的是，吃水果一定要在空腹的时候吃。因为水果的消化不在胃而在小肠，当水果进入胃后没几分钟就会进入小肠，在那里水果才释放出果糖来。若水果和肉、马铃薯等淀粉类食物混在一起，便容易发酵。

一天的开始，最好是吃一些容易消化、含有果糖的食物，因此新鲜水果或是鲜榨果汁都是上上之选。如果你能从清晨开始，改吃水果，你将会感受到一种从未有过的清醒与活力。这个改变刚开始几天也许会感觉肚子很饿，不习惯，但只要坚持十天以上，你就会感受到明显的效果。

正确的呼吸

问：原来饮食上有这么多讲究，并且它对身体的健康有这么大的功效！除了饮食之外，还有哪些方面也会对健康有重大的影响？

黄健辉：呼吸也是影响身体健康的重要因素。身体健康与否，全看细胞品质的好坏，而细胞品质的好坏，又由细胞所处的环境直接决定。

细胞在体内所处的环境即细胞外液，细胞外液是细胞进行新陈代谢的场所。新陈代谢所需要的氧气和各种营养物质都是从细胞外液中摄取的，而新陈代谢产生的二氧化碳和终端产物也需要直接排到细胞外液中，然后通过血液循环运输，由呼吸和排泄器官排出体外。细胞外液对于细胞的生存及维持正常生理功能是至关重要的。

细胞外液主要由血浆、组织液和淋巴组成，淋巴中有大量的淋巴细胞和吞噬细胞，可以协助机体抵御疾病。淋巴是人体的重要防卫体系，淋巴系统能制造白细胞和抗体，滤出病原体，参与免疫反应。

淋巴系统没有一个像心脏那样的泵来压送淋巴液，因此，淋巴液要流动，唯有借助深呼吸及肌肉的运动。深呼吸在胸导管内造成负压，使淋巴液向上流而回到血液中去，动脉和肌肉的张缩也对淋巴液具有施加向前的压力的作用。

美国一位备受推崇的淋巴学教授席尔兹博士经过研究发现，人们做扩张横隔膜的深呼吸时，体内会形成像真空一样的效应，把淋巴液析入血液中，会加速淋巴液清理体内的毒素。做深呼吸带来的清理速度，是平常的15倍。

因此，仅仅是改变你的呼吸，就可以大大提升你的健康水平。

问：人们通过研究还发现，呼吸的快慢与身体衰老的速度和寿命的长短都有重要关系。呼吸越快，人体的新陈代谢就越快，细胞分裂也会加快，衰老也随之加快。

现代生物学研究认为，在自然界中，动物呼吸的频率与其寿命的长短密切相关，呼吸越慢，寿命越长。例如，乌龟每分钟呼吸5次，寿命为300年左右；人每分钟呼吸16—18次，寿命约为80年；狗每分钟呼吸28次，寿命为15年左右。

黄健辉：如果你是本书的读者，请放下书本，轻轻地闭上眼睛，做10次深长而缓慢的呼吸吧！

同时，你还可以练习一种十分有效的呼吸方法：一四二呼吸法。先吸气1个时间单位，然后憋住气4个时间单位，再吐气2个时间单位。例如，你吸气花了2秒钟，那么憋气就得8秒钟，吐气4秒钟。为何憋气要是吸气4倍的时间呢？因为这样才能使血液充分地利用氧气和促进淋巴系统循环。而吐气花2倍的时间，则是要让淋巴系统能充分地排除毒素。

这样的呼吸法每天进行3次，必定能大大提高你的健康水平。

如果有条件，我还建议你去参加一个呼吸类型的课程，在老师的带领下，你能够充分体验各种类型的呼吸，比如，胸式呼吸、腹式呼吸、体呼吸、张口快速呼吸、缓慢呼吸等，这对快速调整你的呼吸、放松身体有非常大的效用。

当然，如果可能，你最好还需要有起码一项以上的有氧运动，比如，每个星期进行一到两次慢跑、游泳、打球，或者是骑自行车。

情 绪

问：人作为身体的、情绪的、理性的和灵性的存在，在情绪这个层次，包含哪些内容？

黄健辉：我们把感觉、情绪、感受、情感和压力都放在这个层次探索。

问：你是说，在情绪这个层面，它又可以分为若干个层次？

感觉

黄健辉：是的。感觉是最基本的一个层次，它是其他心理现象的源头和胚芽，一切心理现象都是在感觉的基础上发展起来的。

感觉是人脑对直接作用于感觉器官的客观事物属性的反映。

按照刺激来源可以把感觉分为外部感觉和内部感觉。

外部感觉是由外部刺激引起的感觉，包括视觉、听觉、嗅觉、味觉和皮肤感觉，皮肤感觉又包括触觉、温觉、冷觉和痛觉。

例如，当菠萝放在我们面前时，通过视觉可以反映它的颜色；通过品尝可以感受它的酸甜味；通过嗅觉可以闻到它的清香；同时，通过触觉可以感受它的粗糙的凸起。

内部感觉是由身体内部刺激引起的感觉，包括运动觉、平衡觉和内脏感觉。

运动觉是指与运动相关的感觉，例如，我们可以感觉到双手在举起，感觉到身体的倾斜，以及感觉到肠胃的剧烈收缩等。

平衡觉是指反映头部的位置和身体平衡状态的感觉。

内脏感觉包括饿、胀、渴、窒息、便意等感觉。

感觉属于认识的感性阶段，是最简单的心理过程，也是其他复杂心理现象的基础，它同知觉紧密结合，为思维活动提供材料。

问：以上对感觉的解释，是局限在心理学的理解，在生活中，人们会这样问：你对某某的感觉如何？

黄健辉：这时候人们用感觉这个词，指的是对人、事、物的知觉、感受、情绪或认知。

知觉

问：知觉和认知指的是什么？

黄健辉：知觉是对感觉属性的概括，它反映事物的意义，知觉的目的是解释作用于感官的事物是什么，并尝试用语言去标志它，是一种对事物进行解释的过程。

知觉包含思维因素。知觉根据感觉和个体的知识经验来共同决定反映的结果，知觉是人主动地对感觉信息进行加工、推论和理解的过程。可以说感觉是知觉的基础，知觉是感觉的深入。

感觉只反映事物的个别属性，知觉却认识事物的整体。

感觉不依赖个人的知识和经验，知觉却受个人知识和经验的影响。

同一物体，不同的人对它的感觉是相同的，但对它的知觉就会有差别，知识和经验越丰富，对物体的知觉就越完善、越全面。

例如，显微镜下的血样，只要不是色盲，无论谁看都是红色的，但医生还能看出里边的红细胞、白细胞和血小板，没有医学知识的人就看不出来。

认知是指通过形成概念、知觉、判断或想象等心理活动获取知识的过程，认知是个体思维进行信息加工和处理的心理功能。认知是知觉的深化与发展，习惯上将认知与情感、意志相对应。认知，我们把它归入理性的范畴，在下一个小节，会有更深入的探索。

情绪

问：接下来，我们将要谈及情绪。

黄健辉：情绪是人对外界和内部刺激的主观体验和感受。我们无法直接观测内在的感受，但可以通过外显的行为或生理变化来进行推断。

人类的四大情绪为兴奋、愤怒、恐惧和悲哀，其他基本的情绪还有神秘感、担忧、激动、不耐烦、惊讶等。

问：关于各种情绪的初始定义和来源是怎样的？

黄健辉：兴奋在生理上的意义是指人体的器官或细胞受到足够强的刺激后产生的生理功能加强的反应，如神经冲动发放、肌肉收缩、腺体分泌等。

兴奋在心理上的意义是指当一个人的期望和目标达成后会产生的情绪体验，由于需要得到满足，愿望得以实现，心理的急迫感和紧张感解除，由此而产生的情绪体验，称为兴奋。与兴奋相关的情绪，如开心、快乐、喜悦等，均含有这些特征。

愤怒也是一种原始的情绪，它在动物身上是与求生、争夺食物和配偶等行为联系着，愤怒时身体的紧张感加强，有时甚至不能自我控制而出现攻击性行为。

愤怒在心理上指需求受到抑制或阻碍，愿望无法实现时产生的紧张、不舒服的情绪体验。

恐惧是当生物体面临危险时，为了生存，企图摆脱和逃避危险，而又无力应付时产生的情绪体验。

当人面临危险、感到恐惧时，肾上腺素会大量释放，机体进入应急状态，心跳加快，血压上升，呼吸加深加快，肌肉（尤其是下肢肌肉）供血量增大，瞳孔扩张，大脑释放多巴胺类物质，注意力高度集中，精神高度紧张。

担心、忧虑、害怕等情绪，是在不同程度上表现出恐惧的生理和心理特征。

悲哀是当心爱的事物失去，或者梦想破灭时产生的情绪体验。在生理上的表现有身体收缩、抑郁、无力感，有时还会落泪或者沉默。

问：情绪更细致的划分还有：

正面的情绪体验：

1. 喜悦、开心、快乐、愉快、愉悦、快感、惊喜、狂喜、狂欢。

2. 鼓励、鼓舞、同情、关心、关怀、爱、慈悲。

3. 满意、欣慰、满足、享受。

4. 接受、接纳、敬畏。

负面的情绪体验：

1. 抑郁、失望、沮丧、无望、绝望、懊悔、自责、内疚。

2. 顾虑、担心、忧虑、紧张、焦虑、焦躁、害怕、恐慌、恐惧。

3. 尴尬、烦恼、愁闷、苦恼、伤心、痛苦、悲伤、悲哀、哀恸。

4. 恼怒、愤慨、愤怒、盛怒、狂怒、震怒。

5. 自责、内疚、羞耻、羞辱、侮辱、屈辱。

6. 埋怨、怨恨、憎恨、歇斯底里、报复。

其他情绪：

1. 希望、羡慕、渴望、痴迷、崇拜、妒忌。

2. 热忱、热心、激动、激情、狂热、躁动、不安、欲火焚身。

3. 惊奇、惊讶、惊吓、震惊。

4. 自信、自满、骄傲、骄奢。

5. 忽视、轻视、反感、嫌恶、轻蔑、鄙视。

6. 疏离、寂寞、空虚、麻木、觉醒、觉悟。

7. 挫折、失败、挫败。

情绪、感受和情感

黄健辉：古往今来，很少有人能够自如地管理和掌控自己的情绪。

问：你在前面还提到感受和情感，它们与情绪有什么关联和区分？

黄健辉：感受是指人对外界人、事、物以及自己的内在体验，包括情绪上的体验，以及认知上的理解。

情绪一般具有即时性、当下性的特征，比如，某件事情发生时，会带给你某种强烈的情绪，事情过后一段时间（若干小时、若干天、几个月），这件事情仍然会带给你某种特定的感受。

情感也是指对外界人、事、物的内在体验，包括情绪上的体验和感受，以及认知上的理解。

情绪更偏重于个人的、短时间内的、当下的内在体验。

感受也注重个人的内在体验，但它的时间性更长，往往是事情发生后的一段时间，并且它也加进了个人在认知上的理解与整合。

情感是指内在的体验，它的时间性比感受更长，有时可以是事情过后的几个月、几年，甚至是几十年，它是融合了情绪、感受、认知（包括社会性的认知与观点）等过程之后的复杂的内在体验。

情感往往是针对一段关系或是对某一目标、经历而言，比如，爱情、亲情、友情，为了追求某一目标长期投入的精神力量、情绪体验和行动，我们也会说，对某件事情，他的情感是……

情绪的维度

问：撇开情绪所指的具体对象，仅就情绪体验的性质来说，情绪具有哪几个方面的特性？

黄健辉：研究情绪本身的特征，称为情绪的维度。情绪有四维的说法，也有三维的说法，我认为情绪的四维理论更加全面与准确，任何一种情绪，都可以从以下四个维度对它进行更细致的描述：

强度程度：强烈—微弱；

舒服程度：愉快—不愉快；

紧张度：紧张—放松；

复杂程度：复杂—纯粹——相对于原始情绪、基本情绪来说。

情绪的来源

问：你认为情绪的来源有哪些途径？

黄健辉：根据对人的理解，我认为情绪的来源可以分为这几种：身体的、环境的（意象的）、情绪的、认知的和灵性的。

1. 来自身体：有时也可以说来自遗传，比如说，一个婴儿，当他饥渴，无法得到满足时，身体会有饥饿、口渴的感觉，这是一种不舒服、痛苦的感觉，这种感觉也可以把它称为感觉意象，它会留在大脑的记忆里，同时附着一股心理能量。在这里，我们可以给出情绪的另一种标示方法：

情绪＝大脑的记忆（意象、认知）＋心理能量。

当吃、喝或者排泄时，身体会有一种快感；当身体生病时，会感觉不舒服、难受，甚至是痛苦的情绪体验。人们天生对一些体型庞大的动物感到害怕，这属于人类在进化过程中积累的情绪。

2. 来自环境刺激：情绪的第二个来源是受到环境刺激，也可以称为来自感觉刺激、意象刺激，意象包含视觉意象、听觉意象和感觉意象。

比如，当看到车祸、流血的场景时，会有担心、害怕、紧张、沮丧等情绪；

当听到某一首初恋时经常听的歌曲时，会有缠绵、依恋、心动的感觉；

当走进某个很肮脏、空气污浊的环境时，会感到恶心、胸闷等。

情绪来自意象刺激，更多的是与过去经历，过去你在头脑、记忆里储存的意象有关。例如，某女士，在她7—12岁时，父母经常在家吵架、打架、摔东西，在冲突时，父母都带着强烈的情绪，所有这一切，通过视觉意象、听觉意象和感觉意象，都录入某女士的脑海里，存在她幼小的心灵里，在录入这些意象的时候，她是有情绪的——担心、害怕、恐惧、紧张、胸闷、不安全等。

在今后她的生活中，一旦受到环境里类似情景的刺激，比如，看到人在吵架、打架或是摔东西，她过去的意象、情绪就有可能被激活，身体迅速释放出相应的分泌物，形成一股心理能量，根据情绪 = 意象 + 心理能量，潜意识遵循相似即同一原理，因此她当下的情绪即产生了，与小时候的一样—担心、害怕、恐惧、紧张、胸闷、不安全等，根据当下的意象、身体状况、心理能量的不同，她的情绪维度会不一样，比如，同样是恐惧，但恐惧的强度、紧张程度和复杂程度不一样。

3. 来自情绪的演化：情绪产生之后，它本身具有意象、认知和心理能量，我们也可以把它称为情绪能量，它就像一株小树苗，有可能生根、发芽、长大。例如，担心的情绪产生了，这股能量也许会逐渐增长，情绪也就由担心转为紧张、焦虑，然后发展为害怕、恐惧等，这个过程中并没有受到外部环境的刺激，同时我们假设它的认知也没有发生改变，我们说，害怕、恐惧的情绪，是由原来的担心逐步发展、演化而来的。

另一种情况，当一个人恐惧的情绪发展到极致之后，也许其他的能量会被恐惧的情绪消耗或是同化，然后他的情绪转为麻木，也有可能他为了自我保护，而发展出愤怒的情绪：

担心→紧张→焦虑→害怕→恐惧→麻木→愤怒

4. 来自认知：当人学会了用符号、文字、概念等语言来指代客观的物体、人和事之后，人们从生活实践中总结出许许多多的规律和规则，这些规律和规则称为文化、知识、经验、原则、道德、做人的要求等，规则和要求通过长辈和身边的人，灌输给孩子。

NLP说，每个人，在他的成长历程中，都被输入了许许多多的程序（P-programming），NLP把组成程序的元件称为信念、价值观和规条，也就是我们一般说的认知，或是理性。

试想，在一个秋高气爽的早晨，你忽然童心大发，领着一群小朋友到公园里放风筝，公园里是青青的草地，习习的微风，你们在草地上跑啊、跳啊，随着风筝唱歌和起舞⋯⋯不一会儿你感觉到浑身发热、大汗淋漓，你把亲自制作的、非常漂亮的风筝放在休息坐的长椅上，然后，你跑开去和小朋友们逗着玩。

忽然间你抬起头，发现有一个30岁左右的年轻人，他正在用一根棍子敲打着你放风筝的椅子，并且慢慢靠近椅子，准备坐下。这时，你惊呼一声："不要！"然而，他的身体已经坐在了你心爱的风筝上面，风筝被压坏了，你一股愤怒的情绪顿时被激发出来！

你三步并作两步跑到年轻人身边，指着他，对他吼叫："你真是瞎了眼睛！你坐坏了我的风筝，你要赔我一个！"

这个年轻人刚坐下，听到一声吼叫，已然乱了方寸，他赶紧站起来，摘下戴着的墨镜，连连赔不是，态度非常诚恳，这时，你发现，他确实是一个瞎子，靠拐杖为他指引道路。你愤怒的情绪瞬间就消失了，你很快就原谅了他，并且同情他，一股悲悯的情感在你的身体里流动，因为你知道，在他的整个世界里，他无法感受到阳光的美丽、风筝在天上飞舞的欢快。继而一种幸福的感觉在你身体里闪过，一瞬间，你觉得工作、生活里所有的烦恼和不愉快，都消失了，不是问题了。你忽然又对刚才粗鲁地对待这个年轻人感到懊悔，你觉得刚刚对他的指责，也许伤害了他的心灵，你想起，当情绪来临时，你总是无法控制，常常因此而伤害了别人，看着这个年轻人一副尴尬与无辜的表情，你为自己刚才的冲动感到自责……

仅仅在不到十分钟的时间里，你情绪经历了一个复杂而曲折的变化过程：

欢快→愤怒→同情→悲悯→幸福→懊悔→自责

在这个过程中，我们假设，身体的生理需求并未发生变化，环境、意象的因素也没有发生变化，可是，情绪的转换却是如此明显与迅速，是什么因素导致了情绪的产生与转换呢？

显然，来自于认知。认知发生改变了，情绪也就随着发生了改变。

愤怒：从常人的生活经验来看，认为年轻人不应该把风筝坐坏；

愤怒消失：他是瞎子，看不见风筝，这是正常的；

同情与悲悯：他的生活里看不到阳光和色彩的美丽，在他生命中缺失了很多东西；

幸福：我的生命体验是如此完整和圆满，生活这样多彩；

懊悔：刚才对他太粗鲁了，伤害了他的自尊心；

自责：情绪来临时，因无法控制自己而伤害了他人。

每个人，从他的生活经验中，对人、事、物都总结出一套信念、价值观和规条，当自己或他人无法做到时，我们称为信念受到挑战，或者也称为信念与信念之间不一致，有纠结、矛盾，这个时候，情绪就会产生。

例如，对朋友，也许你会有一套信念：

朋友之间应该相互帮助；

朋友之间应该坦诚相待；

朋友之间不能够有欺骗；

不能够赚朋友的钱；

……

可是你的朋友，他的信念与你的不一样，或者，你把他当作朋友，他并没有把你当作朋友，某一天，他做出了不符合你信念的事情，于是，你的情绪就来了。

5. 来自灵性：有一种痛苦和不安的情绪，来自于感到不够圆满、不够完整，没有达到身心灵的极度自由与合一，我们把这种情绪称为灵性的痛苦；有一种喜悦与和平，它来自于感受到生命、人生的圆满与完整，感受到万事万物与道的合一，我们把这种情绪称为灵性的喜悦与平和。

不管是灵性的痛苦还是喜悦，它都是觉知力和意识发展水平已经来到或者说接近于灵性这个层次的人才有，一般来说，属于社会中的精英人物，比如，哲学家、思想家、智者、灵修人士和看透红尘的人，首先达到这个层次。

问：许多NLP导师认为，影响和决定情绪的，是信念和价值观，你怎么看？

黄健辉：毫无疑问，信念和价值观是影响情绪的重要因素，但它不是唯一的因素，信念和价值观只是影响情绪的一个层面。

因为信念和价值观在教学、培训过程中比较容易改变，这是导师可以做到的，所以很多导师把它说成是唯一影响情绪的因素。

还有许多导师属于人云亦云，根本不去思考，只是重复他人的话。

压力

问：压力现在已经成为都市人的一个重要问题，情绪与压力是什么样的关系？

黄健辉：情绪能量在体内产生、累积、壮大，这是压力产生的前提。形成压力的，一般是指消极、负面的情绪能量的累积，会伴随有激烈的内心冲突。

人作为一个生物体，有饥、渴、性方面的需求，当需求无法得到满足时，会产生负面情绪能量的累积，这是压力产生的其中一个前提。

人还有对适宜的温度、空气、阳光、视线、声音等方面的要求，当要求无法得到满足时，人们会产生紧张、焦虑的情绪，这也是导致压力的一种情况。

人们对收入、工作、伴侣，对特定的某些事情，也会有各种各样的欲望、渴望、期待和要求，一旦一个意愿产生，这个意愿会相应地调动出一股精神上的能量，牵引出一股情绪上的能量，同时引发出身体的能量，而当现实无法满足这个意愿时，这股能量则会盘旋在那里，也许还会继续加强、壮大，形成压力。

在同一件事情上，人们的身体层面、情感层面、理性层面、潜意识层面和意识层面，也许都会产生各自的需求和意愿，同时附带一股能量，这些需求和意愿是不相同、不相容的，甚至是冲突、对抗的。比如，青春期的少男少女，在学习、相处过程中，各种需求和意愿产生了：

身体的需求是跟对方拥抱和性爱；

情感上想让对方接纳和欣赏；

理性层面的要求却是要做好学生、学习好、不能早恋。

这几股能量在体内不断累积、壮大，形成一种复杂的思想、情感和情绪能量，累积到一定程度，人们就会感觉到明显的压力。

问：现代医学研究表明，80%的疾病与情绪压力过大有关系。

黄健辉：是的。疾病的根源不管是由情绪压力产生，还是由其他原由产生，一旦疾病产生了，身体就会有不舒服的感觉，同时会影响生活、工作、精神生活的方方面面，如果人们不会调节与管理情绪，则有可能让消极负面的情绪能量增长，压力增大，而情绪压力会影响呼吸，影响身体的内分泌，影响血液的循环，影响细胞品质等方面，这些都会减弱我们与疾病抗争的能力。

问：可见，会调节、管理情绪和压力，是现代人需要掌握的一项非常重要的能力。

情绪管理与改变的技巧

问：管理情绪与调节压力的技巧有哪些？

黄健辉：根据对人的分层次的理解，身体的、情绪的、理性的和灵性的，以及对情绪、情绪来源的区分，我们很容易对情绪管理与改变的技巧做出分类：

1. 改变身体状况：饮食、睡眠、性爱、锻炼、药物治疗等，都属于这个层次。

2. 改变环境：逃跑、逃避、离家出走、旅游、换工作、分手、绝交等，都属于这个层次。

3. 改变情绪能量：情绪释放、情绪宣泄、补充其他的情绪能量。

4. 改变意象：意象对话疗法、NLP中的次感元技术、家族系统排列、萨提亚的家庭雕塑、完形疗法的空椅子技术、绘画疗法、沙盘疗法等，都属于这个层次。

5. 改变认知：合理情绪疗法、NLP中的大部分改变信念的方法、认知疗法、说道理、说教等，都属于这个层次；

6. 让灵性进化：拥有高度的觉知力、洞察力、大爱，走向圆满、合一与开悟。

这些方法我们会在后面的章节中涉及。

理 性

问：理性即合理性，一般指概念、判断、推理等思维形式，是指基于正常思考结果的行为，与感性、非理性相对。你用理性来指代人的一个层次，它包含哪些内容？

黄健辉：通过分层次的方式，把人的每一个重要的性质、特征都分类、归纳并总结出来，目的是为了更好地了解人、认识人，层次与层次之间并没有天然的、绝对的界限，有时，两个层次之间甚至会有重合的部分。

用理性来代表这个层次，从理性原有的含义说，并不是很贴切，也有的人用心智、思想、精神这些词来代表这个层次。

这里说的理性这个层次，至少包含以下这些内容：意象、信念、价值观和规条。信念、价值观和规条也就是一般说的思想、理念和观点。因为信念、价值观和规条既存在于潜意识中，也存在于意识中，所以理性在这里包含潜意识和意识两个部分，也就是它包括感性和理性两个部分，因此，在这个层次，我们也会研究潜意识和意识的运作特征。

总之，我们把人拥有的区别于身体、情绪的许多特征，放在理性这个层次研究，一般来说，理性即代表人的精神世界。

意象

问：思想和精神属于理智这个范畴没有问题，你把意象也放在这个层次，可以说一下你对意象的界定吗？

黄健辉：意象是指当闭上眼睛，意识回到内在，我们不需要通过语言文字、思想来描述，就可以感觉到它的存在的那些部分。例如，闭上眼睛，我们脑海里可以出现童年时期妈妈的样子、说话的声音，以及跟她相处的感觉。意象分为视觉意象、听觉意象和感觉意象，NLP把意象称为内视觉、内听觉和内感觉。

人从胎儿开始，就会有感觉，这种感觉储存在身体和脑神经里，成为感觉意象；出生之后，通过五官，眼、耳、鼻、舌、身，人们会储存大量的视觉意象、听觉意象和感觉意象；人除了会直接把环境里的物体、声音录入脑海之外，大脑还能够自动制造意象。

如果我们把来自身体的冲动、刺激和条件反射等称为第一个层次的信息，那么我们从外界接收到并且经过内化了的视觉意象、听觉意象和感觉意象，以及大脑自动制造的意象，可以称为第二层次的信息。

我们从外界接收到的用文字和语言来表达的信息，以及大脑自动制造的信息，属于第三个层次。

问：为什么我们要了解意象？

黄健辉：当烦躁、紧张、焦虑、痛苦困扰我们的时候，我们知道情绪调节与管理的重要，根据情绪＝大脑的记忆（意象、认知）＋心理能量，从公式可以看到，意象是附带着心理能量的，意象与情绪有密切关系，同时，意象与认知也有密切关系。

有的人看到蛇，会全身紧张、害怕，在电视里看到蛇，也会产生害怕的情绪，甚至只是在脑海里想象一条蛇，都会让他产生恐惧情绪。这说明，意象是有心理能量的，至少可以说明，意象是能够引发心理能量的，意象是能够引发情绪的。

在上一小节中举的某女士的例子，在她小的时候，父母吵架时的意象录入她的脑海，即使成年以后，当看到他人吵架、打架或是摔东西时，也会让她产生担心、害怕和紧张等情绪。

还有一种经过"变形"与"伪装"的意象，需要我们认清。比如说，做梦，很多的梦都属于经过"变形"的意象。

问：你是说意象还会通过第二种面貌出现？

黄健辉：是的。意象会通过第二种或多种面相出现，背后却代表着同一种意义。

弗洛伊德在《梦的解析》中，最先向世人揭示了意象的这个秘密。

比如说，梦中的树干、棍子、电线杆、蛇、小鸟等，可能是男性生殖器的象征；盒子、花瓶、床、水井等，可能是女性生殖器的象征。

某女士跟一个穿着白色衬衣的男人吵架，晚上做了一个梦，梦见一条白色的蛇，这条蛇很凶，具有攻击性，她感到很害怕，她被这个梦吓醒了。在一个月里，这位女士连续做了几次这个梦，都是从梦里惊醒过来，发现自己一身冷汗。于是，她去找心理咨询师，这个心理咨询师是学过意象对话疗法的，他很快就明白了梦的意义——原来是象征她与某个男人争吵、关系破裂，被这个男人伤害这件事。白色的蛇与争吵那天男人穿的白色衬衣相似，男人的凶狠、恶毒就像一条凶恶的蛇。

除了梦的意象有象征意义之外，事实上，在清醒与放松的时候，我们所做的想象，也是有象征意义的。例如，在放松状态下，做"花与昆虫"的意象，这个意象能够反映两性关系，花代表女性的部分，昆虫代表男性的部分。

一个人如果在童年受了创伤，这个创伤会固着于一个意象——内在的小孩，这也在许多心灵成长课程上得到证实，每个人的深心里，都有一个内在的小孩，也许是受伤的小孩，也许是怯懦的小孩，也许是渴望爱、渴望关注的小孩，也许是躲在角落里担心、害怕的小孩……

问：你是说，通过意象，可以了解人们的思想、认知，可以了解情绪的来源？

黄健辉：是的。很多心理学流派和技术，都属于在"意象"这个层次上工作。

通过行为训练让人发生改变的，称为行为疗法；通过说道理、让人想得通而发生改变的，称为认知疗法；通过呈现意象、改变意象让人发生改变的，称为意象疗法。

在意象这个层次上工作的流派与技术，有许许多多，最匹配的学问，可以说是意象对话心理疗法，我们会在后面的章节涉及。

信念

问：有人说，信念是人生的支柱，是沙漠中的绿洲，是航海时的灯塔。

黄健辉：一般人使用"信念"这个词，会有偏向于信仰的意思，并且倾向于指积极正面、对人生有意义的信仰。

问：你对信念是怎样界定的？

黄健辉：信念在感情色彩上是一个中性词，没有褒贬之分，信念有好的，也有坏的，有对人生有意义、有帮助的，也有对人生造成困扰、具有破坏作用的。

慈善机构所持的信念是为了促进人类的整体幸福与和平安定；恐怖主义所持的信念是通过暴力和恐怖事件，迫使他人屈服。

信念是指人们在生活中，对环境、人、事、物，包括自己，所做的总结和判断，信念是人们的看法和观点，他们相信事情应该是怎样的。

问：按照信念的这个定义，它的内涵与外延分别是指什么？

黄健辉：内涵是指概念所指向的内容，外延是指概念所适用的数量或范围。

信念的内涵指人们的观点和经验总结，相信事情应该是怎样的；信念的外延涵括了人们所有的经验总结和观点，几乎所有可以用语言来描述和表达的，都属于信念，包括知识、经验、法律法规，以及通常人们说的价值观和规条。

问：这可以算是信念的广义定义。

黄健辉：是的。自从人类发明了语言文字以来，人们用文字语言来标记万事万物。

就算是名词，比如，天、地、人、水、火、野鸡、老虎、苹果、水稻，它们的命名也是人类的生活经验总结，也是观点，是大家都相信它们的名称应该是这样。

如果我们把分层次、分类的思想运用到淋漓尽致，还可以对信念进行分层次和分类。

根据信念在脑海中的普及度、认可、牵引情绪、引发内在动力的程度，我们可以大致把信念分成若干个层次：

第一个层次：名词，包括物体名词、事件名词、精神名词，比如，钢笔、苹果、小猪、小狗、爸爸、妈妈、九一八事变、郭美美事件、爱情等。

第二个层次：与感官相关的描述性句子，比如，我看见你穿了一条白色的裙子，显得很清纯；他眉头锁紧，准是遇到困难了。

第三个层次：与做人、道德相关的观念，比如，金钱是罪恶的；性是婚姻与爱情的结果；朋友应该坦诚相待、慷慨相助。

第四个层次：与身份相关的信念，比如，我是一个受害者；我的童年是不堪回首的；我很笨；我没有资格享受爱。

第五个层次：关于世界、灵性、某一部分人群、人类的，比如，万事万物的发生，都是必然的；人类的一切行为，都是基于爱；生命的意义，在于灵魂的进化；每一个人，都应该用行动来爱自己的国家；生命的运行只有这一生一世，要珍惜时间；生命是灵魂在这个世上修行的载体，行善积德，才不会枉走这一遭。

问：第一个层次的信念，它的普及度最高，人们的认可程度最高，没有分歧，它几乎不会牵引什么情绪和内在的力量。

第二个层次的信念，有时候会有分歧，比如，也许你看到的是"眉头紧锁，准是遇到困难了"，而他看到的却是"表情很专注，他应该是在认真思考"，触发情绪和牵引内在的力量很小。

第三、第四、第五个层次的信念，人们的分歧会扩大化，有时甚至持相反的观点，在具体事情中，它很容易触发情绪和牵引内在的力量，比如：

当一个人认为金钱是罪恶的时，他很难在商业上获得成功，拥有充足的财富；

当一个人认为性是婚姻与爱情的结果时，对配偶或者恋人出轨，也许就会大发雷霆，情绪失控，冷战，甚至断然分手；

当一个人认为他是受害者时，他会觉得他的命运很悲惨，他的过去是不幸的，他会感觉到生命没有根，缺乏内在的力量，这个信念会影响他的方方面面；

当一个身心灵导师相信万事万物的发生都是必然的，他就会穷尽所能去寻找事物的因，从过去、从童年时代、从胎儿期寻找原因，从家族、从家族的祖先、从历史寻找根源，从前世、从很多个前世寻找最初的业力，当他如此执着于"必然性"和根源时，他完全忘记了求助者的目的，以及生命的意义。

价值观

黄健辉：广义的信念包括信念、价值观和规条，可见，价值观也是信念的一部分，它是一组特殊的信念，通常，我们把对自己、对人生具有非常重要的意义的信念，称为价值观，比如，有的人认为爱情是生命的滋养，这说明爱情对他来说很重要；有的人认为平平淡淡才是真，这说明他比较倾向于安定的生活。

问：价值是人生追求的目标，是事情的意义，是我们想要的结果，是行为的驱动力。

黄健辉：不同的价值观会决定人生不同的结果，决定努力的方向，决定选择的标准，决定行为的驱动力，甚至也决定你的情绪，决定你快乐和幸福的程度。

问：看来，你说的每一个内容，都很有意义，都是与生命、人生息息相关的。

很多人认为，把人分层次、下定义，切割成很多很多的类别与面向，这是一件很无聊的事情。人生只要用心去感悟就可以了，何苦需要这么多概念与定义？

黄健辉：《三国演义》说，天下大势，分久必合，合久必分，对人的理解也是一样。

世界自从产生以来，就以它的方式在进化，从物质的到生命的，再到意识的；人类也一样，在进化过程中，不断超越，人类拥有越来越多的品质和特征，同时也会面对越来越多的挑战与困难。

分层次、分类和定义，只不过是对人类已经达到了的阶段进行总结和认识，不管你是否了解情绪，是否懂得情绪管理的技巧，情绪都会主导你的人生；不管你是否了解信念的定义、信念的来源，信念都会时刻影响着你的选择和结果，你不是用卓越的信念来引导自己，你就是在用庸俗的，甚至是有害的信念在指导自己。如果你无法了解他人的价值观，也无法改变他人的价值观，你会很难与他人有效沟通，很难对一个团队进行激励和管理。

问：因此，你的书并不是打算写给所有的人看，让每个读者都喜欢，而只是针对那些准备出发，或者是已经在路上的行人，给他们提供一幅地图，一幅心灵进化的导航图？

黄健辉：是的。我很喜欢你的这个比喻！人生就像一趟旅行，不管你有没有意识到，只要出生，你就已经在路上了，我们的身体在慢慢成长，在衰老，我们的心智和灵魂也在成长、进化。

问：汽车设置了导航，会更顺利地到达目的地，心灵也需要地图，才不致迷失方向，才能够在黑暗中寻找到光，在痛苦绝望中看到希望。

黄健辉：你的人生，与人相处的原则，买东西，是否投资参加一个培训课程，任何一件事情，你做决定的背后，都与价值观有关。

问：价值观如此重要，那我们要如何觉察价值观、寻找价值观，以及改变价值观呢？

黄健辉：觉察信念、价值观，以及改变信念、价值观的方法有很多，这个方面最匹配和有效的学问，我觉得是NLP，我会在后续的章节中谈到。事实上，任何一个心理流派都会跟改变信念、价值观有关，简单地归类，改变信念和价值观的方法有：

1.通过改变身体的状况、生理状态：比如，吃药、性，通过改变姿势、动作，让信念发生改变。

2.换一个环境：环境不同，接收到的信息不同，信念也会改变。

3.通过行为训练：原来我们认为自己不会开车，通过训练与实践，掌握了技能，信念随之改变。

4.通过思想质疑和转换：原来某人认为他的童年很悲惨，通过让他去关注童年时期快乐的时光，信念发生了改变。

5.通过改变意象：某人认为他的童年很悲惨，通过转换他的那个受到伤害的内在小孩的意象，信念也会随之改变。

潜意识和意识

问：自从弗洛伊德发表了潜意识的理论以后，人类对自己的认识取得了长足的进步。

黄健辉：我自从学了NLP与肯·威尔伯思想后，对分层次与分类的思想有了更深刻的认识，肯·威尔伯说：

亚当为万物命名；

毕达哥拉斯进行测量与计算；

而牛顿已经能够告诉你行星的重量。

肯·威尔伯用这三句话对人类历史进行了精确的分层与概括。

问：看来你对肯·威尔伯是推崇有加啊！

黄健辉：弗洛伊德开启了我研究心理学的兴趣，NLP让我掌握了改变的技术和方法，肯·威尔伯让我明白了个体与整个人类、整个宇宙的关系。

问：人生真是一趟非常有意思的旅行！让我们回来看一下身边的这道风景——潜意识和意识。

黄健辉：人，除了有一个看得见、摸得着的身体之外，还有一个看不见的精神世界，也即这一节讲的理性，我们把在精神世界里，人们能够知道、能够了解的部分，称为意识；在精神世界里，人们不知道、很难去了解，或者是需要通过特殊方式才能了解到的部分，称为潜意识。

问：就好像百度，它每天都会收录数以万计的网页和文件，我们不知道这些网页和文件保存在哪里，也不知道它的内容，当需要的时候，通过在百度中输入关键词，然后按回车键，与关键词相关的网页就会跳出来，呈现在我们面前，我们把跳出来的网页称为意识，百度的库存称为潜意识。

黄健辉：咨询师就是那个能够通过特定关键词找出病毒网页，并且能够对病毒程序进行修改的人。

问：人每天都会接收各种各样的信息，并把接收到的信息储存在脑海里，时间久了之后，就会慢慢遗忘，成为潜意识。

黄健辉：弗洛伊德用冰山来比喻人的整个精神世界，意识就好像水平面上看得见的冰山，潜意识则为水平面下看不见的冰山，水平线下的才是冰山的主体，约占整个冰山的90%。

问：也就是说，在精神世界里，有90%是我们无法觉察到和了解到的。

黄健辉：是的。比如说，你的胃是如何运作的，你无法用意识来控制和指导。当你给大脑一个指令——立刻站起来——你的潜意识会调动全身几百块肌肉配合着双脚、脊背做出站立起来的动作，可是你无法了解，潜意识是如何指挥身体这些部位的。有时你感觉自己莫名其妙地生气；有时你发现自己对某一类人特别喜欢；有时你感觉内心非常纠结和矛盾……

你无法明白这一切，因此，你常常受情绪驱使，凭感觉做决定，甚至你连想都不去想，难道这些背后还有什么原理吗？

问：你是说，人的行为、情绪背后，也有一只看不见的手在起作用？

黄健辉：是的。这只看不见的手，就是我们的潜意识。

问：看来还真得认真研究一下潜意识。潜意识和意识，它们有什么相同与不同呢？

黄健辉：我之所以这么喜欢肯·威尔伯的理论，是因为，在我了解的学科、各个领域、整个人类的历史中，肯·威尔伯的理论可以解释这一切，包括个人与文化、潜意识和意识。

人类在成长与实践过程中，不断积累经验，总结出新的知识、技巧和规则，发展出新的性质和特征，所有这一切，经过意识创造和接收之后，意识即把它们交给潜意识管理，有的经验与规则是某个族群中每一个成员都拥有的，我们则把它称为集体潜意识。

根据对意识的定义：知道、了解到的部分，称为意识，意识就是人们的觉知。动物是没有意识、没有觉知力的，或者说，动物的意识和觉知力是相当低的。最高级的动物的觉知力水平，也比不上一般的人的觉知力水平。

动物的绝大部分行为、情绪，都属于条件反射和应激反应，动物很难做到有意识地选择、经过计划而行动、推理和质疑、归纳与分类。因此，我们说，动物的行为和情绪主要受潜意识控制，而不是受意识控制。

或者也可以这样说，漫长的宇宙进化史中，人类是千千万万个物种当中唯一一个发展出理性和意识功能的类别，人类是整个宇宙中最优秀的存在，因为有了人类，宇宙变得生机勃勃、繁荣昌盛，因为有了人类，万物舒展，宇宙也开始变得有意义，变得更加美丽。

问：也就是说，在人类的早期历史中，在狩猎时代和种植时代，将近100万年的时间里，人类也曾经像动物一样，行为和情绪，主要是受条件反射和应激反应主导，也就是受潜意识主导。

黄健辉：是的。从顺序上说，人类是先发展出潜意识的性质和功能，然后才慢慢发展出意识和理性的功能。

问：哦，潜意识的功能和意识的功能，主要有什么不同？

黄健辉：从清晰度、准确度和精确度来比较，我们发现，潜意识对事物的把握，没有意识这么清晰和准确；意识对事物的把握可以达到准确，甚至是精细的区分，而潜意识无法达到这种程度。

潜意识遵循相似即同一原理。例如，A 与 A＋相似，潜意识会认为 A＝A＋。

意识遵循逻辑推理。A 即是 A，A 不可能是非 A 的原理，即 A＝A，A≠B。

问：可以举个例子说明吗？

黄健辉：原始人在生活经验中，往往通过感官的直接经验（看到、听到、感受到），把同时发生的两件事情，或是先后发生的两件事情，视为具有因果关系，A（因）事情发生了，一定会导致 B 事情（果）。

比如说，某天发生了一件感动人的事情，天空正好在这个时候下雨了，原始人认为，如果做一件让人很感动的事情，则老天也会感动，老天也会流泪，并把雨水降到人间。

人们如果想报复一个敌人，可以通过做一个类似于对方的头像和模型，在这个模型上刻上对方的名字，对着这个模型诅咒、殴打和施虐，人们以为这样可以真正报复对方，让对方惨遭厄运。

前面说的某女士梦见白色的蛇，代表着穿白色衬衣的很凶的男人，这也是潜意识遵循相似即同一原理的表现。

问：在生活中，每天我们都在经验着潜意识的相似即同一原理。例如，晚上我们在外散步，看见前面有几个人影在晃动，我们的大脑直接判断说："前面有几个人在走动。"很显然，我们只是看到几个影子，这些影子与以前看到过的、在大脑中储存的影子相似，根据以往的经验，我们说，前面有几个人在走动。

黄健辉：我们生活中的绝大部分经验和判断，并没有遵循严格的推理和逻辑演绎，而只是凭经验，经验的意思，说白了，就是相似即同一。

问：有人说，潜意识的力量比意识大1万倍，你认为这个说法合适吗？

黄健辉：从民间和业余的角度，可以这样说，从专业、学术和严谨的精神来看，则完全站不住脚。

准确的意思应该是：我们对潜意识了解得还太少，我们对潜意识的功能和作用开发得太少。

问：哦，为什么这样说？

黄健辉：按照肯·威尔伯的分层次、高级与低级的分类，意识应该是包含并超越潜意识，潜意识是意识的基础，是意识的重要组成部分，一般来说，我们认为：

分析、思考、判断、计划、计算、推理、逻辑等功能，是属于意识掌管的；感觉、情绪、身体各个器官的运作、习惯等功能，是属于潜意识掌管的。

可以说，意识功能的发挥，离不开潜意识的配合；而潜意识功能的发挥，却不一定需要意识的参与。

没有潜意识，意识也就不存在；而没有意识了，潜意识却可以照样发挥作用。

从这里可以看到，意识是比潜意识更高级的层次。

说潜意识比意识的力量大1万倍，这是完全不明白它们各自掌管的功能和作用。

意识花1秒钟就可以计算出18×12等于多少。

潜意识花1年也难以得出这样的答案，你回想一下，你什么时候在做梦的时候计算出18×12=216了？

人类的文化、艺术和所有的成就，几乎也都离不开意识的参与。就连传达"潜意识的力量比意识大1万倍"这句话，也是经过意识的辨别、确认和下指令才把它说出来。

而有的NLP导师，包括李中莹大师在内，认为潜意识高于意识，感性高于理性，则是更加明显的错误。

是意识高于潜意识，理性高于感性，而不是相反。

我们只要去看一下顺序就会明白，婴儿、儿童的心理发展水平，是更加接近潜意识的功能和情况的，比如，他会全盘信任、全盘接受，需要"哄"它，不加分析、判断。

难道说婴儿、儿童的心理发展水平，比成人的更高吗？

如果以一栋60层的大楼做比喻的话，大概我们可以说，50层以下的部分，相当于潜意识；50层以上的部分，相当于意识。

我们可以说，1—50层，数量更大，需要的材料、资金更多，在建造过程中，也许它比50层以上的部分，更加关键，需要花费更多的时间和精力。

但是如果你说，1—50层，比50—60层更高，站在50楼上，比站在60楼上看得更高、更远，则是明显的胡扯。

60楼离不开下面的楼层做基础、做支撑。不可否认的是，站在60楼上确实看得更高、更远。

意识确实离不开潜意识做基础、做配合，但不可否认，意识的功能确实要比潜意识更加科学、先进与高级。

问：潜意识除了遵循相似即同一原理，它还有哪些特征？

黄健辉：潜意识的首要指令是保护我们的生存，当生命受到威胁时，潜意识的第一反应是逃离危险、解决困难。潜意识无法接收"不"的信息，当你要求潜意识不要去想一只黑色的猫时，潜意识无法做到。此外，潜意识还遵循快乐原则、习惯原则等。

灵 性

问：对于我们从事的这个行业，有一些词很流行，比如，身心灵小说、身心灵课程、身心灵导师，可以说一下你对"身心灵"的理解吗？

黄健辉：身心灵潮流源于20世纪60年代在美国兴起的"新时代运动"。新时代运动是一场声势浩大的文化寻根运动，它借由重新审视科学、宗教、东方神秘主义、灵修等，逐渐形成一种崭新的生命观及宇宙观，这股思潮从北美、西欧扩展到世界各地，影响范围相当广泛，在学术、思想、宗教、科学、商务、文学艺术和日常生活等领域都引发出巨大的冲击波。

在中国，身心灵思潮首先于上世纪80年代在台湾、香港等地兴起，渐渐被引介到大陆。极具包容性和多元性的身心灵潮流，涵盖了心理学、东西方哲学、宗教和现代企业管理智慧等，并逐渐发展出各种体系的身心灵疗愈活动，如禅修、瑜伽、催眠、花精、呼吸、芳疗、能量等。

现在的身心灵学习与培训，已经影响到人们生活与工作的方方面面，包括世界观、人生观、生命哲学、心态、情感和情绪压力管理、心灵创伤、心理疾病的疗愈、健康养生、亲子教育、亲密关系、领导力提升、团队建设、商务谈判、潜能开发等方面。

问："身心灵"具体是指什么？

黄健辉：一般来说，身心灵是指三个层次：身，即身体层次，包括身体、行为；心，即心理层次，包括情绪、情感、思想、信念、心智，也即这一章第3、第4小节讲的情绪和理性层次；灵，也称灵性，spirit（精神），是指高于物质、身体、情绪、心智之上的，宇宙万事万物皆具有的一个层次。

问：你这里说的灵性，与一般人说的灵魂，有什么相同与不同吗？

黄健辉：许多宗教都认为，灵魂居于人或其他物质躯体之内并对之起主宰作用，大多数信仰认为灵魂可脱离这些躯体而独立存在。

早期基督教将灵魂分作"灵"和"魂"两部分，魂，即生命力，是血肉的，所有生物都有灵，是指智慧或理性等人类的独特表现，它来自上天，只有人类才拥有，人们认为"人类是万物之灵"。

民间认为，灵魂类似于魂魄，可以被分作"魂"和"魄"两部分，魂主精神，而魄主身形。当一个人受到惊吓后，可能会使魂魄离开身体，若不好好处理，人就会步向死亡。因此，当有人因惊吓而痴呆、昏沉时，需要举行一种特别的"招魂"仪式，意图使昏迷或痴呆的人恢复神志、起死回生。

科学主义者认为灵魂是主宰人的身体、行为、情感、思想等所有层面的一种未知的非物质因素，每一个人都有他独特的灵魂，并能伴随着其成长发生变化，随着个体的死亡而消失。

人类自从成为人类以来，就对所有自己经验的事情，想做出一个合理的解释，人们把许多根据原有的观点无法解释的现象，称为"灵异现象"；把一些异常的行为和心理现象，称为与"灵魂"有关；把主导人的身体、行为、思想背后的东西，称为"灵魂"。

问：那么，灵性呢，又有哪些说法？

黄健辉：有时人们夸一个孩子，说这个孩子很有灵性；或是夸一个人，说他是一个很有灵性的人，灵性在这里是指聪明、灵活、会变通、有智慧。

问：在培训界，很多人说参加"灵性课程"，是指哪些？

黄健辉：目前国内培训领域说的灵性课程，一般包括禅修、静心、瑜伽、辟谷、灵气、能量呼吸、内观、塔罗、芳香疗法、音乐疗法、水晶疗法等。

也有的培训机构和导师把一些现代主义的心理学疗法冠以"灵性"的名称，比如，灵性家族系统排列、灵性催眠、灵性觉醒工作坊、灵性课程、觉醒之门等。

有的机构把萨提亚家族治疗、完形疗法、NLP、意象疗法、心理剧等也归入灵性课程里。

问：这样看来，灵性的区间划分，似乎可以定为：从深层心理学到宗教、神学、神秘主义。

黄健辉：是的。人们用什么语言来形容一个事情，主要与他原有的观点和理解力相关。

比如说，一个大孩子（20岁）患了自闭症，三年都不愿意跟妈妈讲话，是因为在10岁之前妈妈把他送到外婆家，让外婆抚养，在这段经历中，他的心灵受到极大的创伤，从而转移到对妈妈的疏远与怨恨上，他觉得所有这一切，都是妈妈一手安排的。家人让他去看心理医生，心理医生用催眠治疗的手法，让他把20年来所有压抑的情绪都释放出来，并让他把内心里对妈妈的爱流动出来，短短一个小时的治疗，从咨询室走出来后，他热泪盈眶，激动地拥抱在外面焦急等待的妈妈，说："妈妈，对不起！我爱你……"

这样的转变，一般人听起来，觉得不可思议，三年来，这位妈妈用了成百上千种方法都无法让孩子主动跟她说话，喊她一声"妈妈"，可是孩子走进咨询室，一个小时后出来，就完全变了一个人似的。

问：不懂心理学的人，会认为心理咨询师拥有像巫师一样的魔法，只要轻轻对人说几句话，就会有一股强大的力量进入来访者的灵魂，让他立刻发生改变。

因此，人们会说"神奇的催眠""神奇的家族系统排列""灵性觉醒"等。

黄健辉：懂得心理学的人，就不会觉得它神奇。以前，一个巫师在开始从事这种工作前，总是要编造一些神奇的故事，以便让人觉得他的身份是"上天""神"赐予的；可是现在的心理咨询师，只要通过专业的学习和训练，很多人都可以担任。

问：许多身心灵导师让学员走"心灵成长""灵性成长"之路，这是一条怎样的路呢？

黄健辉：想对心灵成长之路有更深刻的认识，我们可以先参考一下其他的人生之路。

1. 普通人生之路：通常我们也把这一类型称为"机器人之路"，这类人的生活和人生，完全复制父母、家庭和周边环境，他们从来都不去想还有其他的生活方式，人生还可以有另一番景象。他们的思想、行为、情绪反应模式，完全受控于父母的灌输，受制于"偶然性"中形成的一系列程序——思维习惯、情绪反应、行为模式。所有这一切，都如此天经地义，他们的人生，就好像机器人一样，只有两道程序：输入指令→执行命令。觉知力离他们还很远很远。

2. 商业人生之路：走这条路的人，以财富为人生目标，他们拥有众多的优秀品质，比如，目标感、勇气、魄力、吃苦耐劳、执着、毅力、聪明才智、灵活变通等。这类人把财富作为最高的价值和意义，为了达到目的，可以通宵达旦地工作，他们要求员工也跟他们一样，加班、加班，拼命工作。他们还可以说假话、做假账、生产劣质产品，甚至是操纵股市。刘一秒说：你如果想做出一番事业，就不能把人当作人来看，你要把人当作物来看，让他的价值最大化。

3. 仕途、政治之路：无论是商业还是政治，这类人一开始都很有觉知力。他们早早地规划自己的人生，知道自己要去哪里，而后义无反顾地一条道走到黑。

4. 灵性成长之路：这是人走的路，这也是道，是通往上帝、通向彼岸世界，也是通往佛陀、走向开悟的路。

宇宙是从物质的到生命的，到心智的，再到灵性的。万物归一，合灵，宇宙在时间中进化，每一个实在都处于进化的路程上。

在进化之路上，全子逐渐展开，显化出更多的性质和特征。

人类是整个宇宙中，进化的领跑者，人类经历了从"身体的到情绪的，到理性的，再到灵性的"，理性的意识境界、理性的时代必将被超越，灵性的时代正在展开，也必将会来临。

一个人的意识水平来到灵性阶段，需要在以下几个方面修炼：

1. 需要做一个真人：真实、自然而放松，无论是对自己，还是对他人，无论是对过去、现在，还是未来，崇尚真实、真理，这是毋庸置疑的价值选择。

2. 需要有敏锐的觉察力和深邃的觉知力：能够快速、准确觉察身体的反应和需求，觉察自己的情绪和感觉，觉知潜意识和意识中的信念、价值观，同时，还能够觉察他人，对社会文化也保持着清醒的觉察和理解。

3. 情感上可以做到宁静而绽放，喜悦而平和，不是没有痛苦、不会生气、没有愤怒，而是如实体验各种情绪，同时也能够在各种情绪之间快速抽离和转换。

4. 有坚守的信念和追求的价值，明白这些信念、价值的发生、发展的过程，也可以随时放下任何一个信念，或根据需要，创造一个想拥有的信念。

5. 拥有大爱，所作所为，符合道的运作和规律。

6. 超越身体的局限，超越情感的局限，超越理性的局限；

与时间合一，没有过去，没有未来，这一刻即代表永恒；与万物合一，与道合一，万物都是道，是宇宙大精神的体现，所谓心中有佛，所见皆佛。

……

问：对走灵性成长之路的人，你有什么"温馨提示"吗？

黄健辉：任何一个时代，都会被超越，成为过去，农业文明代替狩猎文明，工业社会的理性代替农业社会的封建神学，同样，理性的阶段也必将成为过去，灵性的阶段必将来临。后来的文明取代原来的文明，并不是对原来的文明进行全盘颠覆，而是将它不合适的部分舍弃，合理的部分继续保留，并且也增加了许多新的因素和特征，后来的文明具有更大的兼容性、包容性与合理性。

问：你是说，灵性的阶段，会舍弃之前的阶段不适合的部分，但会继承之前所有阶段的合理部分，并且具有它独特的新特征？

黄健辉：是的。我们可以通过以上理解，来判断、甄别和选择，哪些著作是属于灵性的，哪些老师是灵性导师，哪些培训课程属于灵性课程。

问：你的见解对于想走灵性成长之路的人，真是一盏探路的明灯！

黄健辉：我们将意识的进化水平分为身体的、情绪的、理性的和灵性的，每个阶段同时还可以细分为更多个层次，你可以根据这些标准大致确认作者、导师和培训处于哪个层次，而不是听由别人（作者、培训师）说了算。

我觉得，在培训领域，也有少量的导师和经营者，他们拥有高超的表演技能和鼓吹能力,他们拥有的,不过是一些普通的心理学方法和技术,他们帮助的,也不过是少量的一批受众,然而他们却会把自己的能力夸张100倍,他们喜欢把自己的方法和培训称为与神接近的、灵魂的、灵性的,有时他们喜欢把自己的身份扮演成"巫师"和"神仙"这样的类型。

问:如果不会对意识水平和文化进行划分阶段和分层次,你会很容易被这类导师迷惑,这种类型的导师在演讲时,语气最坚定、表情最为丰富,对于他宣称可以达到的效果,也最为肯定。比如,他会说,他的师傅是一个开悟大师,他得道了,他可以用他的真心、用意念把来访者的癌症治好,只要相信他,没有一个痊愈不了。

黄健辉:这种类型的身心灵导师,他们懂一点心理学治疗技术,实际上理解能力和技术水平都很一般,他们大概属于巫师和心理咨询师的混合体。

在封建社会,人们有心理问题,会去找巫师、牧师或神父,然而,在现代社会,神父的职位正慢慢被心理咨询师取代,实践表明,心理咨询师的效能比神父的更高。

有的导师,明显违反"真实"原则,课堂上说一套,做出来又是完全相反的一套。比如,在学员面前,他宣称自己是义工,并且以义工的名义招聘员工,以义工的身份感召学员与合作伙伴,金钱利益却全部进入他的账户。

还有的导师,喜欢给学员起一个"道名",比如,叫天恒、天敬、公心、公平等,然后给这个道名释义:天恒是来自上天的旨义,要你恒守住中心,天敬是要你敬重上天、敬重万物之义……

我认为,这种通过给学员一个身份,并且让学员感觉这个身份是来自于师傅，经由上天赋予他的，通过这种方式来圈住一个人的思想与心灵，让学员从深层次上无法摆脱依赖老师的惰性，这种做法是相当邪恶的，老师的居心也是不怀好意、低级和恶劣的。

在工业社会、理性时代已经确立了平等、自由、民主、人权这些普世公认的价值观，这些价值人们通过法律和文化的方式来标记它们和遵守它们，在灵性的时代，一个宣称自己为身心灵导师的人，当然也应该尊重和推崇这些价值。

还有的导师，喜欢混淆视听，明明在学术界已经获得公认的概念和技巧，他喜欢偷梁换柱，偷换概念，不过是简单的催眠技巧，他说成是与灵魂沟通；时间回溯，他说成是回到前世；意识与物质的关系，他说成是实相与妄相的关系；来访者情况变好了，明明是心理学技术与来访者努力的结果，他说是神的力量通过他身上显化出来的能量把来访者治疗好的。

问：难得见你如此动情地批评人！

黄健辉：葛优说：做人要厚道。尤其是知识分子，他们应该是社会的良心。如果知识分子都不厚道，不守住良心，那么这个社会也就从根上烂掉了。

第三篇 NLP 理解层次

NLP 这门学问通过理解层次可以帮助人进行身心整合，当一个人的六个层次都是相互支持和朝向一个目标时，这个人是表里如一、身心一致、真实和有力量的。

没有地狱，只有自我；没有天堂，只有无我。

——肯·威尔伯

理解层次

问：什么叫理解层次？

黄健辉：理解层次是 NLP 大师罗伯特·迪尔茨根据人类学习与变革的逻辑层次整理出来的，理解层次是 NLP 发展过程中最具影响力的理论之一。

迪尔茨提出的理解层次认为，在任何系统中，人的生活——包括系统本身的活动——都可以通过几个不同层次进行描述和理解，它们分别是环境、行为、能力、信念与价值观、身份、精神。

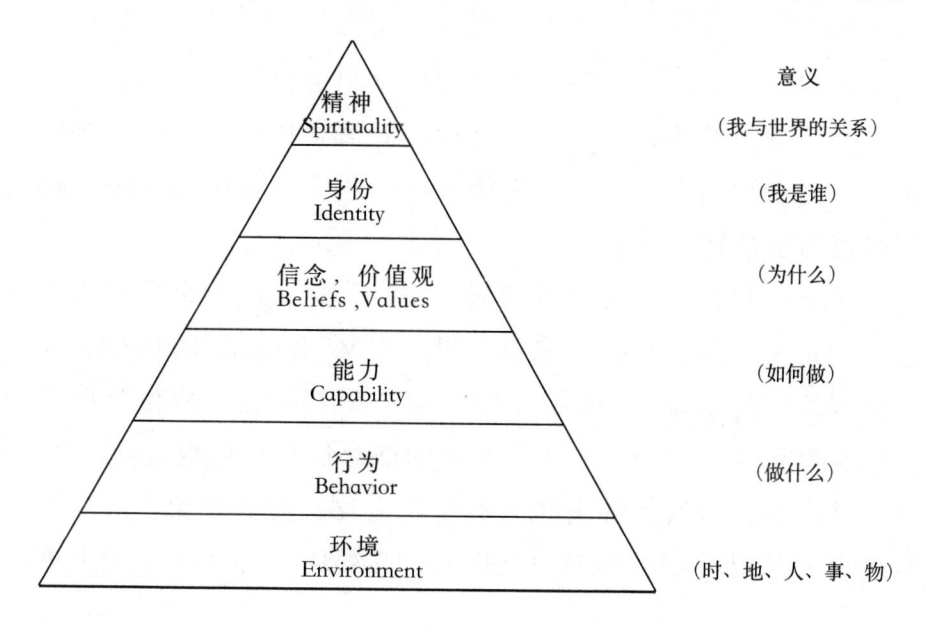

层次	意义
精神 Spirituality	（我与世界的关系）
身份 Identity	（我是谁）
信念，价值观 Beliefs, Values	（为什么）
能力 Capability	（如何做）
行为 Behavior	（做什么）
环境 Environment	（时、地、人、事、物）

精神：自己与整个世界其他系统的关系。（人生的意义。）

身份：自己以什么身份去实现人生的意义。（我是谁，我要怎样度过这一生。）

信念与价值观：配合身份，应该有什么样的信念和价值观。（为什么做，有什么意义。）

能力：我有哪些不同的选择？我掌握了什么技能？（如何做，懂不懂。）

行为：在环境中我们的运作。（做什么，不做什么。）

环境：外界的条件和障碍。（时、地、人、事、物。）

第一个层次：何时，何地，有些什么人、事、物？环境标记了事情发生时的客观因素，也是影响人们思维与行动的外在条件。

第二个层次：关于个人的行为及活动，个人在环境中做了些什么动作？

第三个层次：涉及策略、技巧和能力，能力是个人用来指导行为的。

第四个层次：以上各层次都由信念和价值观塑造。能力和技巧为环境中的各种行为提供支持，而信念和价值观则为技巧和能力提供动机和指导——为什么要做，信念和价值观决定我们如何为事情赋予意义。

第五个层次：身份。身份属于更深、更高的一个层次的信念，它是关于"整个人"的定位，以及定义"我是谁"的过程，当一个人清晰地定位了"我是谁"的时候，围绕着这个身份，如何实现这个身份，就会有相关一系列的信念群和价值观选择。

信念和价值观支撑着个人的身份定位，而信念和价值观则是由更大范围的技巧和能力支撑的。高效的能力产生了一个更大范围的具体行为和活动，这些行为和活动是在很多特定环境和条件下完成的，实现了对信念和价值观的维护与追求。

第六个层次：身份层次涉及人们的愿景以及更大的系统。系统是一个更高的层次，我们称之为精神层次，这个层次涉及人们对自己隶属并活动于其中的更大系统的认知。这些认知从深层次解答了人们的活动是"为了谁"和"为了什么"，并为行为、能力、信念和价值观以及身份定位提供了更高层次的意义和目的。

问：理解层次有什么作用？

黄健辉：1.可以根据理解层次深入地了解一个人和一件事情。

他处在什么样的环境中？他拥有什么样的资源？

他做对了什么事情？哪些事情是高效的，是有利于达成结果的？

他拥有什么样的能力、技巧和经验？他有哪些选择，他做对了哪些决定？

他是怎么看待这个事情的？他的信念、价值观是什么？

他是怎么看待自己的？他想成为一个什么样的人？

他做这些，都是为了谁？

2.还可以通过理解层次进行身心整合。当一个人感觉纠结、矛盾，或者是做一件事情没劲的时候，一定是因为他的各个层次间不合一，比如说，也许是环境与行为不合一；也许是行为与能力不匹配；也许是行为与信念、价值观不相符；或者是行为与身份定位不一致。

NLP这门学问通过理解层次可以帮助人进行身心整合，当一个人的六个层次都是相互支持和朝向一个目标时，这个人是表里如一、身心一致、真实和有力量的。

NLP大师李中莹说：理解层次可以应用在任何一个人、任何一件事情上，仅仅是弄通了理解层次，NLP专业执行师的学费就"值回来"了。

环境（目标）

问：在环境这个层次，有哪些内容需要探索？

黄健辉：环境这个层次包括时、地、人、事、物，我把结果、目标也放在这个层次，因为任何行为都会指向一个结果。

接下来，我们会深入探索环境这个层次中的每一个因素。

时：时间、时代、时期、时段、时刻。

比如说，你要见客户，你想跟他谈一单大的生意，你会跟他约定一个时间：在什么时间跟他见面？

你还要了解客户的年龄：他处在人生中的什么阶段？

你会问客户的从业经历：他做这个行业有几年了？是新手，还是老手？

你们谈合作，到达哪一个阶段了：刚开始接触？还是谈判到关键时刻？还是接近尾声了？

客户的公司处在什么阶段：生存期？发展期？鼎盛期？

你们谈的生意，属于什么行业：这个行业是处于刚刚兴起、朝阳产业？还是已经颇具规模？还是正在走下坡路（夕阳产业）？

这个国家正在经历什么阶段：闭关锁国，还是改革开放？发展中国家，还是发达国家？

这个社会、这个世界处于什么时代：农业时代？工业社会？还是信息社会？网络时代？

问：以上这些问题和信息，都与时间相关联，不管你有没有意识到，它都属于客观存在，都会对你们要谈的"事情"有或多或少的影响。

黄健辉：是的。任何一个事情，都会有一个环境层次，时间又是环境层次中的一个重要因素。

问：你可以举个例子说明时间对事情的重要影响吗？

黄健辉：我们看一下时间因素里的一个更细的划分——时代。

奥巴马，1961年出生于美国，全名巴拉克·侯赛因·奥巴马，中间名与伊拉克前总统侯赛因·萨达姆的姓氏相同，其姓又和恐怖分子奥萨马·本·拉登的大名仅一字之差。一开始，人们都认为，奥巴马要想当上美国总统，无异于痴人说梦。

再看奥巴马的经历：父亲出生于非洲肯尼亚，黑人血统；母亲是平民，一度靠申领救助金维持生计。小学时，奥巴马在老师眼中属于B等生；年轻时，曾经有过吸毒的经历；大学毕业后只能获得一份工资极低的工作，都不够还他的助学贷款。

1996年，奥巴马当选伊利诺伊州参议员。

2004年，奥巴马当选美国联邦参议员。

2008年，奥巴马当选美国总统。

一个政治生涯只有12年的菜鸟，一个吸过毒的B等生，一个无任何政治根基的黑人小子……即使是最大胆的好莱坞编剧，也无法想象奥巴马会创世纪般地成为美国总统。

但奥巴马真的当选为美国历史上首位黑人总统。

如果把竞选总统当作是一个品牌战略来研究，是什么因素令奥巴马可以打败强劲的对手、获得成功呢？

原因也许可以有无数个，比如，奥巴马的演说水平、梦想、亲和力……

有一个非常关键的因素是，奥巴马充分把握了这个时代的特征，这个社会正处于信息社会中的互联网时代！

20世纪30年代，富兰克林·罗斯福首创性地将广播应用于大选，借助新技术获得了选战的压倒性胜利，他因此被称为"广播总统"。

20世纪60年代，电视逐步取代广播。肯尼迪在大选期间，首次允许电视台直播他的新闻发布会，并在首次直播的电视辩论节目中战胜对手，夺得了总统大位，他因此被称为"电视总统"。

2006年，谷歌的首席执行官施密特预言"互联网将成为入主白宫的关键"；2007年，比尔·盖茨预言"5年内互联网将取代电视的地位"。

我们来看一下奥巴马的互联网攻略：

2007年，奥巴马创立了个人官方网站，并邀请了一大批互联网营销专家，包括谷歌的首席执行官施密特、脸书的创始人扎克伯格等IT业的精英。

2008年1月底，通过互联网，奥巴马筹到了3200万美元的竞选资金，更创造了一天获得800万美元的捐款纪录，而对手希拉里仅筹得1350万美元。

奥巴马几乎在所有的大型社交网站都注册了自己的个人主页。

在网上奥巴马也非常活跃，他经常更新个人主页，时常回复网民提出的问题。2008年，奥巴马竞选成功时，他在脸书上已经发布了1670条信息、15个相册，并拥有940万粉丝，在YouTube上已经拥有40万个与奥巴马相关的视频，总浏览量超过1亿次。

2012年总统大选，在互联网上，奥巴马的号召力远远大于他的竞争对手罗姆尼。奥巴马有9个社交网站账号，罗姆尼只有5个。在推特上，奥巴马的账号平均一天发29条信息，罗姆尼仅发1条。

《纽约时报》评论认为："如果没有互联网，奥巴马不会成为美国总统。如果没有互联网，奥巴马甚至不会成为民主党的总统候选人。"

正是来源于对时代特征的深入了解和精准把握，奥巴马被人们誉为"互联网总统"。

问：时间确实是一个非常重要的因素，要想对事情有更加深刻的把握，我们需要提高对时间的敏感度。

黄健辉：NLP中有许多关于时间的信念和技巧，如"时间线达成目标法"等，都是非常有威力的技巧，有的导师还专门发展了"时间线治疗法"的培训。

问：嗯，NLP的培训确实有必要学习，那么地点呢？地点给人们的启示又是什么？

地：地点、地方、方位、位置、地区、地理、地域。

黄健辉：还是以要见一个客户，准备跟他谈生意合作为例。

在什么地方见面谈比较好，这是要考虑的。是在自己的公司，还是到对方的公司，还是选择一个休闲、放松的环境？因为环境不仅仅只是环境，任何一个环境，都会有它代表的文化、信念和价值观。

如果要开一家快餐店，你是选择在最热闹的街区，还是选择在人流量少的地方？

如果要开超市，你选择在什么地方会获得最大的地理位置优势？

如果想做全国性的生意，你公司的注册地和办公场地要设在哪里？

为什么在中国，牛奶卖得最好的是蒙牛和伊利？

问：看来关于地点，也是一个需要好好研究、不容忽视的学问。你可以举个例子让人们印象更加深刻吗？

黄健辉：如果你留意肯德基、麦当劳，你会发现，它们几乎都是设立在城市中人流量最大的位置，有专家曾经总结，开速食店成功的三个最重要的因素：第一，是地理位置；第二，是地理位置；第三，还是地理位置。

你去观察超市，也会发现同样的规律。做一个行业，地点设在哪里，有时会成为决定成败的关键因素。

两个人在一起的时候，你选择坐在他的左边还是右边？

十个人在一起时，哪个位置最具影响力、最具灵活性？

吃饭的时候，有主人位，坐车的时候也有尊位的说法。

省会城市的能量可以辐射整个省，首都的能量则辐射全国。

如果我们在广州说：一个从北京过来的官员说……听者下意识就会觉得，这是一个重要的信息，也许代表着中央新的政策，或许代表着权威。

地点不仅仅只是一个地方，任何一个地方，都会有它代表的文化，所传达出来的意义、信念和价值观，这需要我们去觉察，只有去觉察，觉察到本质了，我们才会有更多的选择，才能做更明智的决定。

问：理解层次中的每一个因素都很关键，怪不得李中莹老师说，如果你弄透了理解层次，NLP专业执行师的学费就"值回来"了。

时间、地点、人、事、物，接下来该研究人了啊！

人：人物、人脉、人际关系、人力资源。

黄健辉：在普通人家，很少有关于人脉的思想意识。只有当事情来临，需要找人帮忙了，才想到要跟谁建立关系。

95%的普通人活在"自我"的世界里，他们内心渴望着别人的"理解"，以便满足内在的空洞——安全感、认可、尊重、爱等情感的缺失，他们没有能力去主动经营人际关系。

陈安之说：成功＝30%的知识＋70%的人脉。

人脉即人际关系，是由人与人之间相互联系构成的网络。经营人际关系就是将人脉进行有效管理，使人脉朝我们预期的方向发展，以利于人生目标的达成。

问：通常有哪些人际关系需要经营？

黄健辉：首先是家庭、亲人关系。每个人都有父母，生命直接来源于父亲和母亲，当一个人足够接纳自己、喜欢自己时，他会发自内心地感恩父亲和母亲，因为这是生命的源头，如果不是经由父亲和母亲，我们如何可以享有和体验整个人生呢？

不论现实中父母是成功、优秀、富有，还是抑郁、失败、堕落，当一个人心灵足够成长、有力量的时候，他与父母亲的第一关系应该是：感恩！就是当心中浮现父母亲的身影时，会发自内心地感恩他们。

问：如何可以做到？

黄健辉：一种方法是在生活中修行，慢慢提升觉悟；还有一种方法是经由心灵课程的体验，其中我见过的最快速的方法是李中莹老师发明的"接受父母法"，这个技巧在NLP专业执行师和简快身心积极疗法中都有，效果超级纯正和有效。

体验过后我的第一感觉是：让我们迎回内在的力量、生命之火的力量，与父母连接、与家族祖祖辈辈的先人连接，与整个人类连接，臣服于父母，臣服于造物主、宇宙精神……仅仅是这个技巧，NLP专业执行师的价值就足够让人投资学习。

如果你已经有孩子，如何经营与孩子的关系，也请你做专门的思考吧！

从某种意义上说，我们主动工作、付出和服务，都是出于对他人的爱，我们为什么不可以把更多的爱给家人呢？经营家庭、亲人关系，是人脉管理中的第一个层次。

我的学问中有一个重要的理念：我认为，家庭是产生个人幸福感最重要的领地，关注和支持家人成长是一件快乐的事情，也是世上最有意义的事情之一。

问：很多人以为，亲人都这么亲、这么熟悉了，还需要经营吗？这是一种错误的观念，这种错误的观念来源有两个：

1.封建社会几千年的家族制文化，贬低个人，崇尚权威。

2.当代社会的主流意识形态，贬低个人，崇尚集体。

黄健辉：我曾经有一个结论：个人主义比集体主义效率更高。

我们假设，当社会意识充分发展，个人觉知和道德水准都充分提升以后，假设社会上有N个人，每个人都有10分的力量可以拿出来照顾自己或是他人，这会有两种情况：

1. 个人主义发展到极端：每个人的力量都只拿来照顾自己，每个人获得自己10分的照顾。

2. 集体主义发展到极端：每个人的力量都只拿来照顾他人，每个人也都是获得10分的照顾，但是人们在相互照顾的时候，几乎都是根据自己的需求、经验、判断和对他人的猜测来行动和付出的，其他人怎么会比我更了解自己的需求呢？

问：这就好像一桌人吃饭，每个人都为自己盛饭夹菜，大家很快吃饱并且吃得舒服满意，如果是规定每个人都只能给他人盛饭夹菜，那有谁会完全满意呢？

黄健辉：是的。所以在西方国家，首要提倡的是个人主义，当把个人的力量和能力充分发挥出来时，至少每个人首先照顾好了自己。

一群心灵健康的个人加在一起，这才是一个健康的集体！

如果社会中首先要提倡集体主义，当个人的心灵都无法得到满足、无法健康的时候，他们加在一起，也是一个不够满足、不够健康的集体！

过度提倡集体主义，会让人们在照顾自己时，感觉到行为、信念是与文化不相符合的，压抑随之产生，久而久之则会造成心灵扭曲。

这就是为什么绝大多数中国人都没有一种基本的觉知：专门的、有意识地花一些时间、精力、金钱来学习和经营家庭关系、亲人关系。

问：你的见解真是直指本质！你认为理想的意识形态应该如何来调配呢？

黄健辉：理想的情况应该是：70%的个人主义+30%的集

体主义。

个人主义与集体主义完全不应该有矛盾的说法。集体不就是由个人组成吗？当每个人都照顾好自己时，不也相当于一个集体得到了好的照顾吗？

因为每个人拥有的能力、经验和资源不同，因此，我们需要合作与资源整合，需要集体主义——分工、合作与无私地为他人服务和贡献力量。

当一个社会充分允许提倡个人主义时，每个人在照顾自己时都会很有安全感，因为这跟文化相符合。当照顾他人的时候，他会有一种崇高的感觉，因为他比其他人付出的更多，眼光更长远。

当社会只提倡集体主义，贬低个人主义，每个人在照顾自己、为自己谋利益的时候，他会觉得这样的行为和想法跟文化不相符合，内心中觉得有一双眼睛在监视自己，他没有安全感。而当他为别人付出、贡献的时候，这跟文化符合：这很正常，因此他也不会有崇高的感觉。

问：人脉关系，首先应该是照顾好自己，其次是经营好家庭、亲人关系？

黄健辉：是的。

问：其他的呢？

黄健辉：跟工作相关的有同事关系、客户关系、合作伙伴关系等；其他的还有师生关系、同学关系、朋友关系等。

每一种关系，都需要用心去经营、维护和连接。

事：事情、事迹、事务、事业、事故、事态。

问：事情是人们对生活中的一切活动、现象的总结和概括，事情可以泛指，也可以特指，事务一般是指具体的事。

黄健辉：任何一个事情，人们都会根据原来的认知，给它定性和分类：

1. 根据相关性，分为自己的事情、他人的事情和老天爷的事情。

2. 根据重要性，分为重要的事情和不重要的事情。

3. 根据紧急程度，分为紧急的事情和不紧急的事情。

4. 根据理性，分为对的、聪明的事情和错的、愚蠢的事情。

5. 根据价值观，分为有意义的事情和无意义的事情。

6. 根据情绪程度，分为快乐的事情和悲伤的事情。

7. 根据不同领域，分为公司的事情和家庭的事情。

8. 根据道德伦理，分为善事和恶事。

9. 根据定义，分为属于精神科医生解决的事情和属于心理咨询师解决的事情。

10. 根据认知，分为属于学校老师的事情和属于家长的事情。

……

问：不管有没有意识到，你的潜意识早就已经对遇到的任何事情做了分类和定性！

黄健辉：如果你认为帮助同事成长是他自己的事情，你就不会很主动给他们支持，你很难做好一个领导，建立一个系统，服务更多的人；

如果你觉得给客户提供超值的服务不是很重要，你就不会深入去了解客户的需求；

如果你的目标感不太强，计划不周密，以为还有很长时间，则你不会采取行动——因为你没有把事情放到"紧急"的档期里面；

如果你认为这是一件愚蠢的、没有意义的事情，你会感觉到心情很沮丧；

……

问：对事情的分类和定性，会框住人们的内心体验，影响人们如何采取行动，从而影响事情的结果。

物：物质、物品、物资、资产、财富

问：物质相对意识而言，一般指通过五官可以感觉到或是通过仪器可以检测到的东西。

黄健辉：物质可以分为天然的和经过人的加工、创造的。

问：关于"物"，我们需要持有什么样的理念？

黄健辉：敬畏、珍惜和爱护。敬畏是对宇宙、大自然、生命应该持有的一种基本态度，一切都是神性的显现，当我们的思想、灵性与神性连接、合一时，我们就会直接经验到"道"的实相。

问：一个人有了敬畏，很自然，他就会产生热爱环境、保护生态之心，对自己拥有的物资、物品也会格外珍惜与爱护，他不会铺张浪费，而是尽量让物品发挥最大的效用。

黄健辉：人们根据物资的可利用程度对它进行价值评估，物资也可以看作是一个人的财富，可以用金钱衡量。

问：因为通过金钱可以购买到各种自己想要的物资，因此，可以说金钱、财富等于物资、物品。

黄健辉：一个人对待金钱与财富的态度，可以说是其对待"物"的态度的集中体现。

问：怪不得有时人们会用物欲横流来形容拜金主义。

对待金钱、财富，应该拥有什么样的态度？

黄健辉：金钱，由于它的便捷性和可交换性，让它成了一种最富有文化含义的物质！没有任何一种外在的东西像金钱一样，被人们赋予如此多的内在文化、评估、理解和情感表达。

有人把金钱视作罪恶的根源，视为粪土，有人把金钱当作是生存的必需品，把金钱视为柴米油盐酱醋茶。

问：有人把金钱当作满足欲望的工具，有钱就可以做自己想做的事情，可以环球旅游，金钱代表快乐。

黄健辉：有人把金钱当作提高生活品质的通道，把金钱视作地位的象征。

问：这样的人觉得，金钱代表成功。

黄健辉：还有人把金钱视作创造力的源泉，金钱是提高生命品质的中间媒介。

问：对待金钱与财富的态度，也是一种对待宇宙、对待人生的态度。

黄健辉：关于金钱的不同信念，会直接影响你与金钱、财富的关系，从而也会影响人生过程当中的方方面面。

结果：事情中想要的结果、目标、梦想

问：结果可以分为两类，一是事情已经发生，二是未来想要的一个结果。

已经发生的事情，属于接纳和发现有利因素的问题；未来的事情，属于计划和积极创造的问题。

黄健辉：成功人物的思维模式都是以结果为导向、以终为始。他们常常能够清晰地明白自己想要的结果是什么，都有哪些，然后让事情朝这个方向发生。

问：他们在每个重要的事情中，都会问自己：我想要的结果是什么？

黄健辉：成功人士都有明确的目标感，他们会为自己的未来规划十年目标、五年目标，然后每一年还有年度目标、月度目标，甚至有每个星期、每一天的目标。

伟大、杰出的人物都有自己的理想和追求，有强烈要实现梦想的愿望，并且能够清晰地向他人描述自己的梦想。

问：怎样设立和加强目标，这是一门必须要学习的学问。

行　为

问：行为指一个人做什么和不做什么。

黄健辉：一个有觉知的人，首先是在理解层次的每个层次上都有清醒的觉识。比如，上一小节讲对环境的觉知，其中包括对时间、地点、人、事、物和目标的觉知。

问：在行为层次上，我们需要对哪些部分保持更加深入或细致的觉知？

黄健辉：做事情有三条准则要遵循：

1. 正确性：保证事情的做法朝着目标的方向、朝着想要的结果发展。

2. 速度：在正确性的基础上，一般来说，越快达成目标，就越好。省了时间，我们就可以做更多的事情，完成更多的任务。

3. 效益：但凡做事情，都需要花成本，包括人力、物力、金钱等，完成同样的事情，花的成本越少，则效益越高。

问：嗯，经过这样总结，为很多人提供了一个参考标准，如何提升这三个方面的判断能力？

黄健辉：正确性，这与逻辑推理有关，可以从以下这几个方面来参考提升：

1.深入地思考：做事情之前，把从事情开始到结束，每个阶段、每一个步骤都想出来，可以根据时间或事情的发展阶段，划分出来思考。

比如，销售员要去拜访一个客户，向其推荐NLP专业执行师的课程，出发之前，他就要把每个步骤都想出来。例如：

①着装：穿什么样的衣服去，能够体现出专业性，又大方得体。

②准备材料：需要准备什么资料。

③了解客户的需求、关注点。

④几点钟见面，坐车过去，在路上需要花多少时间，几点钟要出门。

⑤见面之后如何做自我介绍、建立亲和力。

⑥如何介绍NLP这门学问，怎样介绍课程。

⑦这个课程在哪些方面能够帮助客户。

⑧为什么说现在报名参加学习是最好的选择。

经过这一系列的步骤之后，客户会做决定购买这个课程，或者是有利于往购买的方向发展，以上的这些行为都是有效的、正确的。

反之，如果说你要去拜访客户，向他销售东西，可是却迟到半个小时，课程资料忘记带，穿衣服不是像专业人士，而是像十六七岁的个性少年，很随意……这些行为都是不能促进事情朝着想要的目标发展的，当行为是错误的时候，做得再多、再快，也没有用。

2. 经验：要提升正确性和有效性，经验的积累是重要的一个方面。

3. 总结：有了一次经验之后，把事情的经过做"复盘"，就像象棋大师下了棋之后，会跟师傅专门"复盘"一样，学会从经验中总结出有效的部分和无效的部分，有效则坚持，无效则改正。

4. 直接学习成功者的经验。

问：太棒了！那么速度呢？如何可以在最短的时间内完成最多事情？

黄健辉：速度既跟行动力有关，也跟一个人对自己的自我要求和对事情的要求标准有关。

行动力，有时是指一个人呈现出来的综合能力，包括他对达成目标的渴望、做事情的经验、拥有的资源以及习惯模式。

一个人对自己的要求越高，他的行动力就会越强，做事情就会越快；一个人对事情的品质要求越高，他也会对时间有很强烈的感觉，从而加快进程。

比如说，学习顾问A，他有一个很明确的目标，今年要收入20万元，支持50个学员参加NLP专业执行师课程学习，当他有了熟练的经验并且也有很好的资源时，那么他的行动力则会很强，完成目标的速度也就会很快。

问：当事情做对了，速度又提升了，接下来就是要用最小的成本去达成目标。

黄健辉：比如说，销售NLP专业执行师课程，如果学习顾问能够在电话里完成销售过程，学员直接汇学费过来确定，则不需要上门拜访，这就节省了时间、金钱和精力，对一个课程顾问来说，拜访客户也许需要花半天时间，还包括一些费用，假如是通过电话完成销售，只需要半个小时就行了，剩下的时间可以做更多的事情，这就提升了效益。

问：许多人在行为层面的困惑，还包括：

1. 做一份自己不喜欢，也无法带来任何满足感的工作。

2. 和一个自己并不喜欢的人在一起，却需要共同做很多事情。

3. 身不由己，被"人、事、物"绑架，心不甘情不愿地去做。

4. 怀着困惑、恐惧在行动，不知道会有什么样的结果。

黄健辉：NLP说，每个人，每时每刻都会选择对自己最有利的行为。你已经做了当时那种情况下对自己最好的选择，既然已经是最好了，还纠结什么呢？

如果还纠结，是因为在思想层面还没有穿越，潜意识中的价值观与意识层面的价值观发生冲突，产生矛盾。

比如，一个学习顾问，在培训公司做销售课程的工作，如果他找不到这份工作对自己、对学员、对公司、对社会的意义，则他对做的事情不会有喜欢和满足的感觉。这样的人一遇到困难、挫折就会逃避，表现消极，感到痛苦。

问：如何增强一个人的行动力？

黄健辉：分两种情况：

1. 心灵受过创伤型：这样的人无法工作，连一些很简单、很普通的事情都不能做。

这需要疗愈，做心理咨询和治疗，或是参加具有疗愈作用的身心灵工作坊，这样的人在情感上非常缺乏安全感、尊重、爱和归属感，也得不到肯定和满足感。

糟糕的情况是往抑郁、恐惧、自闭、孤僻的方向发展。

形成的原因一般有：

1.糟糕的家庭环境，包括严厉、批判型的父母，经常指责和否定孩子的任何一个小过错；从来不欣赏和肯定孩子的成长、进步和价值；相互指责、争吵、打架，情绪化。

2.事情、事故性创伤，比如，失恋、职场上的受挫、交通事故、亲人的离世等。

这可以通过NLP定律进行解释，比如，一个5岁的小女孩，叫菲菲，母亲总是能够一眼看到她的缺点、不足的部分，经常指责她的行为、情绪和表现；父母之间也经常争吵、指责，有时甚至动手。这样的家庭环境和遭遇，对菲菲的影响是什么呢？

N（接收到的信息）：看到爸爸、妈妈严厉的表情、眼神；听到指责、批判、争吵的话；内在感觉、情绪、情感的体验：不舒服、害怕、恐惧、没有安全感、没有爱、没有价值感、无意义。这些信息和感觉都储存在她的脑神经系统、潜意识里。

L（语言）：菲菲会形成一系列对自己，对爸爸、妈妈，对周围人、事、物的限制性信念，比如，环境是不安全的；人们是不友好的；我做任何事情都没有意义、没有价值；活着是痛苦的……

P（行为）：待在家里才安全；一个人独处才不会受到伤害。

这可以解释逃学、不想去学校、不愿意做任何事情、不想参加工作、不想交往、不愿意交流的人。

2.普通人，心灵比较健康、优秀的人：这类人要增强行动力，可以通过以下方式：

①加强意愿和目标感。

②增强自信心。

③利用情绪和情感这股力量，感受不行动的痛苦和行动带来的快乐。

④做一个完整的行动计划和时间管理方案。

⑤找一个导师、教练，加入一个能带来正能量的团体和环境。

通常，成功学、潜能开发、激励、教练技术这类培训，都会直接帮助学员增强行动力。

问：太好了，可以有这么多的方法。

在效益这方面，又可以怎样提升呢？

黄健辉：这需要你对数据、数字、金钱、时间等高度敏感，多做练习和计算。

多问自己这个问题：如何可以有更低的成本？如何可以取得更大的收益？

能　力

问：一个人有没有能力，能力是强还是弱，通常人们会从他过去做的事情判断，如果对他做过什么事情无法准确知道，对他说的话也不敢完全相信，比如说，面试，如何判断一个人的能力是否可以胜任一份新的工作，可以完成一个挑战或是任务？

黄健辉：说到能力，一般从知识、技术、经验来判断，比如，通过他的文化程度、学历判断他的知识的组成，通过专业、学习培训或动手实践来判断他的技术，通过工作经历来判断他的经验。

问：能力这个层次给我们的启示是什么？

黄健辉：知识、技巧和经验是支撑行为的基础，比如说，你的目标是要培养一个健康、优秀、杰出的孩子，首先，在行为上你要做对很多事情。而只有你拥有了正确的知识、技巧，你才可以在行为上做对。

目标：健康、优秀、杰出的孩子；

行为：做对事情，少犯错误；

能力：正确的知识、技巧。

问：那要学习哪些知识、技巧呢？

黄健辉：关于孩子心灵发育、成长的心理学知识，聆听孩子说话的技巧，观察力，亲和力，如何引导孩子改变消极的意象、信念，如何疏导孩子的负面情绪，如何让孩子建立积极的意象、心锚，如何给孩子培养卓越的信念、价值观和人生观，如何让孩子喜欢思考，如何让孩子拥有丰富的知识和技能。

问：不同的目标要求有不一样的行为和能力。

黄健辉：是的。如果你的目标是要增加收入，那么思考你的收入来源有哪些？你需要做对什么事情才会最大程度增加你的收入。一般人们通过工作、业绩获得收入，那要提高工作的效果和业绩，又包括哪些知识和技能呢？

根据工作的不同，会有不同的知识和技能要求。

如果你的目标是要建立一家优秀的培训公司，也许你要学习和增强以下这些方面的知识和技能：

1. 股东结构：各个股东的优势，股份结构、股权和分红激励。

2. 公司系统：整体战略、营销部门、行政管理、财务系统、服务部门等。

3. 公司文化、员工培训、薪酬、假期。

4. 外部合作、项目的引进。

5. 公司长远规划、愿景、品牌。

6. 员工的执行力、销售能力、团队管理等。

7. 处理危机的能力。

8. 保持身体健康和精力充沛。

……

问：哪怕是一个任务、一件很具体的事情，比如说，做饭、做菜，也会对应相应的知识和技能。

黄健辉：有些"灵性导师"，或是参加所谓的"灵性课程"的学员，只会机械地接受几个观念，比如：

要对孩子、周围的人无限允许……

你快乐就可以了，怎么舒服就怎么做……

不要有要求，你对孩子的爱是一种控制……

拼命挣这么多钱干什么，不过是为了满足你内在的小我……

这类人往往他们的生活、工作中也有许多问题和事情要解决，他们对生活和人生也还有目标，走到极端的人就会完全没有"智商"，真的是听了"灵性导师"的话：

"把你强大的头脑放下吧，不要去怀疑和揣测，你需要的是去感觉和体验……"

"亲子关系？……哦，要无限允许……"

"夫妻关系？……哦，不要有要求……"

"工作和事业？……嗯，只要'小我'成长为'大我'了，都不是问题……"

这类人完全不用逻辑，管你什么NLP、理解层次，这太枯燥！太费脑！我只要感觉好就行了，美其名曰：活在当下！

问：这样类型的导师和学生有一个特征，时间久了都混不下去，无论是在家庭、爱情婚姻、亲子关系、人际关系，还是在金钱、工作、事业等方面，都越来越难混。

黄健辉：这样的人一开始往往很容易"志同道合"，然后就成立一个小团体，或是组建一家公司，但结局往往都与最初的愿望背道而驰。

问：因为他们只注重感觉、内在的层面，而忽略了行为和能力层面？

黄健辉：是的。

问：能力这个层次就只是知识、技巧、经验吗？

NLP说，有选择代表有能力，这话怎么理解？

黄健辉：能力层次还有更重要的层面——觉察、选择和决定。

问：哦？

黄健辉：举例来说，XX女士的目标是想要在两年内成为亲子关系专家——可以收费的亲子教育导师。她明白需要参加关于儿童心理发展的学习、培训，需要学习观察力、沟通、亲和力、心理创伤疗愈等方面的技巧，可是如果她没有觉察力，时间就在等待、犹豫、自责和抱怨中一天天地流过，转眼间半年过去了，一年过去了，她也许还在做着同样的事情，还是跟原来一样的水平，也许她还会继续跟别人说她的目标，但是内心里却越来越没有信心。

她可能会有许多理由，比如，要照顾家庭、孩子、老公，需要工作，钱还不够多，学费太贵，时间不合适……

一句话，她以为就只能这样！

她看不到还可以有更多选择！

问：NLP预设前提中有一条：凡事必有三个选择（凡事都有三个解决办法），当你看到了三个选择时，你就会看到第四个、第五个以及更多的选择（当你可以找到三个解决办法时，你就有能力找到第四个、第五个办法……）。

黄健辉：一个人有了觉察力，可以看到很多选择之后，还需要他有智慧，可以做对决定！

也就是在所有选择中，最终选一个能够在最短时间、花最少成本却可以朝着目标得到最大收益的方法。

问：怪不得人们说，选择比努力重要。

黄健辉：因为选择在能力层面，这是比行为更深层、在时间上更靠前的层次。

如果你觉察不到可以有更好的选择，选错了方向，在行为层面再怎么努力，也不会有好的收成。

问：就好像你要去A地点，如果导航选择的是人多、车多、红绿灯多、车道又窄的那条路径，那么你怎么开车，都不可能很快到达目的地。

黄健辉：很多家长相信自己是10000%地爱孩子，甚至相信为了孩子可以牺牲自己的生命，他们认为自己这么努力，拼命工作、做事业，最主要的动力来源是想孩子将来有一个好的保障和高的起点，可是当孩子出现以下情况：沉迷于游戏；开始大量说脏话；逃学，不愿意去学校；顶嘴，不想跟父母说话；抑郁、自闭，不愿意跟任何人交往……家长不知道怎么办，老师建议家长带孩子看一下心理医生，可是孩子不愿意！

原先对孩子的希望、期待和梦想，被无情的现实碾碎，情况越来越糟糕，最后妈妈实在无法忍受这样的痛苦，终于听从了朋友的劝告：你们夫妻俩要去看一下心理医生。

于是爸爸和妈妈接触了"心灵之旅"培训公司的学习顾问朱小丽，小丽经过对情况的了解，建议这对夫妻做一个亲子教育方面的咨询个案，当谈到咨询费用时，小丽说，找黄老师做咨询，需要1000元／小时。

这位妈妈震惊了！她说："怎么这么贵！我没有这么多钱！我不可能花这么多钱来咨询、聊天！"

于是他们愤怒地或是客气地离开了接待室。

后来小丽建议这对夫妻也可以参加一些关于怎样和孩子沟通，如何培养健康、优秀的孩子这样的工作坊或是课程。

但这位妈妈总是说：

这次时间不合适；

今天我家来亲戚了；

这个周末要加班；

同事生日，公司里每个同事都去，我哪敢不去啊；

朋友说弄到两张免费的票去旅游，答应了朋友陪他去的；

学费太贵了！我要供两套房子，还要供车，每个月固定开支就要2万多元，你说我哪有这么多钱去参加学习啊。

问：有时人就是这么奇怪，他愿意准备300万元的积蓄让孩子到国外去留学3年（哪怕孩子在国外天天混日子、玩游戏、睡懒觉，他都觉得这300万元花得有价值），他也不愿意花3万元去学习一个课程，培养孩子健康的心理、健全的人格，拥有坚强、独立、勇敢的精神品质，让孩子可以拥有赚取300万元的能力。

黄健辉：嗯，觉察、选择和决定，这需要智慧。

信念、价值观和规条

问：2013年6月，美国前中央情报局（CIA）雇员爱德华·斯诺登将两份绝密资料交给英国的《卫报》和美国的《华盛顿邮报》。6月5日《卫报》率先扔出第一颗舆论炸弹：美国国家安全局有一项代号为"棱镜"的秘密项目，要求电信巨头威瑞森公司必须每天上交数百万用户的通话记录。6月6日《华盛顿邮报》披露，过去6年间，美国国家安全局和联邦调查局通过进入微软、谷歌、苹果、雅虎等九大网络巨头的服务器，监控美国公民的电子邮件、聊天记录、视频及照片等个人资料。

这组报道仿佛在美国民众思想里投放了一颗重磅炸弹一样，舆论随之哗然，斯诺登与"棱镜"项目迅速成为世界各国媒体的头条新闻。

美国政府、参众两院、联邦调查局等高官相继谴责斯诺登，指其为告密者、间谍和叛国者，并对他展开刑事调查和定罪。同时动用美国强大的舆论压力和权力，对任何想庇护斯诺登的国家进行威胁和警告。

黄健辉：当细细品读这些报道时，我的内心深感震撼！一个只有29岁的年轻人，居然敢于向美国（自己的祖国）——当今世界最强大、权力可以渗透到每一个角落的巨无霸组织——宣战，这需要一份怎样的勇气和胸怀？他对自己、对人生、对国家、对人类应该持有一种怎样的信念、价值观和信仰？

看完斯诺登的经历，我觉得，历史上荆轲刺秦王、耶稣被钉在十字架上、布鲁诺被教会活活烧死这样的故事也不过如此了。

问：斯诺登的结果迅速呈现出来，到目前没有任何一个国家敢于接纳他，他仿佛在人间"蒸发"了，他不再能跟相爱的女朋友在一起，不能联系父母，也无法回到自己的祖国，他被吊销护照，不能像常人一样去别的国家旅行，他将会在全世界范围内被美国无限期通缉和追捕，也许就像媒体调侃的一样：斯诺登成为一个没有身份、没有国籍的人，地球上没有一个国家的领土可以容纳他，也许从此就在莫斯科谢列梅捷沃机场的中转区里度过余生。

黄健辉：一个人为什么会做出这样的选择和行为？他宁可放弃过去所有的关系、现实的自由以及对未来人生幸福的预期。

问：一个人的行为和选择，又是由什么东西在背后操纵呢？

黄健辉：继续来看媒体对斯诺登的采访：

"良知不容美国政府侵犯全球民众的隐私。"——斯诺登在香港接受了《卫报》记者的采访。

斯诺登说："我愿意牺牲一切的原因是，良心上无法允许美国政府侵犯全球民众的隐私、互联网的自由……我唯一的动机是告知公众以保护他们的名义所做的事以及针对他们所做的事情。

美国国家安全局已搭建了一套系统，能截获几乎任何通信数据。凭借这样的能力，我可以查看你的电子邮件，你与妻子通话的信息，你的密码、通话记录和信用卡。

我不希望生活在一个一言一行都被记录的世界里。

政府违背了宪法赋予民众的自由和不受监督的权利。"

问：我想，正像一篇报道说的一样，无论斯诺登的结局如何，他的使命已经完成。

在舆论的另一方面，人们把斯诺登视为国家英雄，他站在世界、站在时代的风潮上，勇敢地把"机构与个人、安全与隐私、互联网自由与被监视"这样的主题提了出来。6月23日，在白宫请愿网页上声援和要求赦免斯诺登的签名已经达到10万个。

黄健辉：未来人们在监督政府权力使用、个人隐私保护、享受互联网自由的时候，斯诺登不应该被人们忘记。

信念

黄健辉：本·拉登相信通过暴力和恐怖事件，能够让美国屈服，不再压迫他们的国家和信仰，所以他发动了9·11恐怖袭击。

斯诺登相信通过公布真相，能够让美国政府遵守他的承诺，保护宪法赋予人民的权利——尊重个人隐私和言论自由。

问：信念是指你相信事情应该是怎样的，是人们在生活中，对环境、人、事、物，包括对自己，所拥有的判断、看法和观点。

黄健辉：信念往往从念头开始。

比如，在日常生活中冒出一个念头：我长得很吸引人。这有可能是个突发的念头，若要成为一个信念，还得看你有什么样的依据。

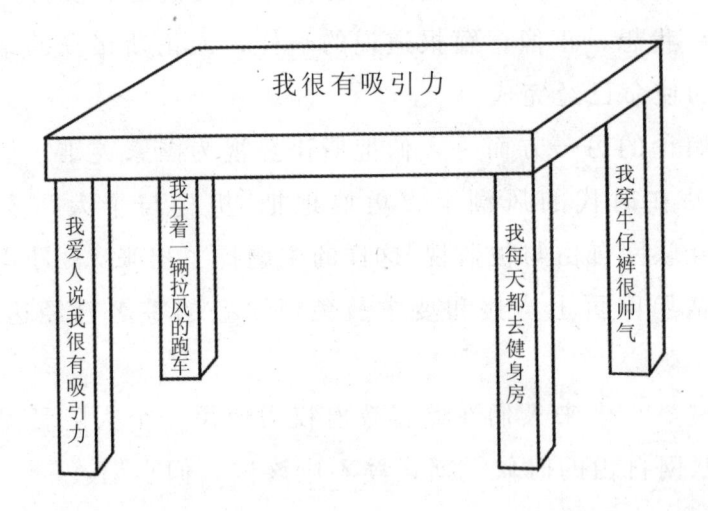

（桌面：我很有吸引力

桌腿：我爱人说我很有吸引力　我开着一辆拉风的跑车　我每天都去健身房　我穿牛仔裤很帅气）

问：信念有哪些来源呢？为什么有些人拥有成功的信念，有些人却拥有失败的信念？

黄健辉：如果我们想要了解一些信念，首先要找出信念的来源：

1. 本人的亲身经验，例如，曾被火烫伤而知道火能伤人。

2. 观察他人的经验，例如，见到同学上课时捣乱而受罚，因而知道怎样的行为不可以在上课时做。

3. 接受信任的人、书本、环境的灌输，例如，父母说要提防陌生人，所以我们对不熟悉的人有抗拒之心。

4. 经验总结，例如，某人总是拒绝我的善意，苦思之下，终于明白是因为他妒忌我升级比他快。

5. 想象，例如，假设愿望、目标已经实现，于是就会产生一个很有信心的信念。

问：信念有哪些分类？

黄健辉：按照不同的划分标准，可以把信念分为：

1. 专门性的信念和普及性的信念

专门性的信念：影响范围比较小，只限于某一个方面的信念。

普及性的信念：影响范围比较广、在价值排列中具有重要地位的信念。

例如，自信心、对别人的看法、时间、金钱、家庭、情绪、爱情、健康、名誉、地位、责任感、与他人的关系等。

2. 卓越的信念和限制性的信念

卓越的信念：能够有效支持我们取得想要的价值、效果的信念。比如，"NLP预设前提"就是卓越的信念。

限制性的信念：阻碍我们取得想要的价值、效果的信念。

3. 游移的信念、肯定的信念、强烈的信念

游移的信念：构成十分不稳定，即使相信也往往是一时性的，很容易会转向。

肯定的信念：有很多依据支撑这个信念，对既有的依据有较高程度的信任。

强烈的信念：对一个信念抱持坚定的、毫不怀疑、至死方休的强烈程度。

你若是想在人生中有一番成就，最好的办法就是把卓越的

信念提升到强烈的程度，因为只有达到这种程度才会促使你拿出行动，扫除一切横在前面的障碍。

问：那我们要如何建立一个强烈的信念呢？

黄健辉：首先，你要有一个起码的信念；

第二，不断吸收新的且有力的依据，强化这个信念；

第三，给自己找一个或者创造一个印象深刻的例子，让自己充分明白若不这么做可能得付出什么代价，并且不断强化这个信念，使它达到让你深信不疑的地步；

第四，付诸行动，每一次的行动必定会强化这个信念，让你有更大的决心。

问：卓越的第一步，就是知道我们的信念并不代表客观事实，信念是可以选择的，信念是一种有意识的选择。你可以选择束缚你的信念，也可以选择支持你的信念。

黄健辉：卓越的要诀就在于，选择能引导你成功的信念，丢掉会扯你后腿的信念。

价值观

问：广义的信念包括信念、价值观和规条，可见，价值观也是信念的一部分，它是一组特殊的信念，我们把对自己、对人生具有非常重要地位和意义的信念，称为价值观。价值是事情的意义，是我们想要的结果，是行为的驱动力。

黄健辉：例如，在斯诺登的眼里，他认为宪法赋予人们的权利——个人隐私权、言论自由、公民的良知，这是人生中最重要的意义和价值。

问：是的。可是在普通人眼里，他们会觉得，斯诺登这样做，值得吗？他让深爱他的女朋友感到痛苦，连累父母，从此无法维系亲情，不能回到自己的国家，甚至不能够在地球任何一片土地上自由地呼吸。

黄健辉：因为在普通大众的价值观里，一般会觉得爱情是最重要的，或亲情是最重要的，或自己的个人自由是最重要的。在普通大众的价值观里，一般只会有"个人的"。

问：如果这个世界人们的价值观都只是"个人的"，也许人类还处在茹毛饮血的时代。

黄健辉：是的。每个人都会有他追求的价值，并且会对所有的"价值层次"进行排序。人们会纠结，通常是因为不同价值之间的冲突和矛盾。

问：价值观如此重要，我们如何探索和知晓一个人的价值观呢？

黄健辉：我们可以通过发问来探索一个人的价值观，例如：

对你来说什么是重要的？

你关心的是什么？

在你的人生中你最想要的是什么？

价值：

1. _____

2. _____

3. _____

……

10. _____

把找出来的价值按照重要程度排列。

问：如果他人不愿意回答你的问题，那又怎样知晓他的价值观？

黄健辉：可以通过行为和选择来推断他的价值观和排序。

问：每个人觉得重要的东西都会有很多很多，如何可以对众多的价值观进行分类？

黄健辉：简单的价值观可以分为：

1．实质性价值和工具性价值

实质性价值：能够挑起你的情绪、引发出你的感觉的，便是实质性的价值，比如，亲情、爱情、快乐、安全感、成就感等。

工具性价值：帮助你得到实质性价值的价值，比如，房子、车子、金钱等。

2．追求的价值和避开的价值

追求的价值：能使我们快乐、激起我们渴望去拥有的价值，我们称为追求的价值。

避开的价值：某些引起我们逃避或者痛苦情绪的价值，称为逃避的价值。

按照不同的层次，价值观还可以分为意识层次的价值观、潜意识层次的价值观、社会文化中的价值观。

问：如果想要得到自己所渴望的人生，那么我们需要拥有哪些价值？这些价值又应该如何排列？

黄健辉：这是每一个想有大作为的人，在上路之前，或是在旅途中，都需要不断询问的一个问题。

规条

黄健辉：规条是指人、事、物应该如何安排以实现信念并得到价值的方式。

规条的存在，完全是为了取得价值和实现信念，因此规条不能脱离信念和价值而独存。当发生冲突的时候，应该坚持信念和价值，而不是坚持规条，罔顾信念和价值。

问：原来如此！那可不可以说，斯诺登的行为，正说明了他坚持信念和价值——宪法赋予公民的自由和权利，而放弃了规条——遵守公司守则，保守秘密的承诺，遵守国家的法律、法规。

黄健辉：是的。对于任何一个现代国家来说，宪法代表国家最高的价值和准则，其他的一切法律和法规，都来源于宪法赋予的权利。

因此，如果当法律、法规和宪法相冲突时，当法律、法规不能够阐释和符合宪法精神的时候，这样的法律就是非法的、无效的，它应该被废除。

问：怪不得在美国，人们并不是一味地跟着政府喊"斯诺登是叛徒"，而是有很多人把他视为国家英雄。

黄健辉：来，调整一下姿势，轻松、舒服地坐着，做个深呼吸，讲个故事给你听：

从前有座山，山上有座庙，庙里住着两个和尚，一个老和尚，一个小和尚。有一天，老和尚带着小和尚下山化缘，他们来到一条河边，发现有个姑娘正站在岸边，甚是发愁，原来是因为河水太急，姑娘不敢过河。老和尚知道后，二话不说，弯腰背起姑娘，把她送到了河对岸。

老和尚和小和尚继续走路，走了约20里，小和尚实在是按捺不住，问："师傅，男女授受不亲，你刚才为什么背那个姑娘过河？"

老和尚心平气和地说："我在20里之前，已经把她放下了，你何苦到现在还把她背在身上呢？"

问：哦，这是身心灵导师很喜欢讲的故事，通常是告诫人们，要学会"放下"，不要让自己背着过去的包袱上路。

黄健辉：这个故事里不只是有"放下"这样的寓意，如果你彻底明白了这个故事的内在机理，那么"放下"只是故事里一个自然的结果。如果你不明白内在的机理，只是听到表面的皮毛，那你也很难做到真正的"放下"。

除非有一种情况，即讲故事的这个人具有很高超的催眠功力。

问：哦，这个故事内在的机理是什么？

黄健辉：事实上，在老和尚的价值体系里，他是清楚各种价值层次排序的：

信念：出家人要普度众生，与人为善；

价值：普度众生，善良、慈悲；

规条：男女授受不亲。

问：哦，原来这样！在一组价值排列中，规条往往是属于较低价值的一个层次。

在小和尚的思想里，他把规条当成最终的价值，而忘了出家人修行最重要的意义和目的。

你还可以多举两个例子，让人们更加容易明白信念、价值观和规条的区别吗？

黄健辉：可以。

例1：

信念：在一个群体之中，年轻人应该尊敬年老的人。

价值：年老的人得到尊重，感到被群体接纳，更有安全感，社会更和谐。

规条：年轻人见到年老的人时需要主动问好，给老年人让座等。

例2：

信念：每一个人都应该追求智慧，取得持续的进步。

价值：掌握了更多学问、技能，可以做出更多的贡献，得到更多人的认同。

规条：因此，多看书，多与人交流，参加一些学习培训课程是必要的。

身份和角色

身份和角色的区分

问：在李中莹NLP专业执行师课程中，李老师会做一个比喻：身份就好像一颗很大的钻石，角色好比这颗钻石有很多个切面，每个人只有一个身份，但是却担当着很多个角色。

黄健辉：身份和角色，是指关于对内在自我认识的深层定位和信念，每一种身份都对应一套相应的信念、价值观和规条，或者称为对应一套行为准则。

说身份只有一个，我觉得并不符合日常用语中的文化习惯。

平时我们会听到有人说："注意你的身份！"

"他有很多个身份，比如，他是人大代表，是成功的企业家，是爱心团体的发起人，还是一位称职的父亲。"

问：身份和角色这两个词，有时会互用。

黄健辉：是的。

问：它们的区别是什么？

黄健辉：区别主要有两点：一是使用这两个词时的环境不同，"身份"在比较严肃、正式的场合使用，"角色"在社交、普通的场合使用，身份强调深层次的信念和认同，角色对应的是表面的行为方式和规则。

问：你可以举个例子吗？

黄健辉：比如说，A公司和B公司举办联欢晚会，每家公司各派5个人组成一个策划小组，在策划小组里，分配每个人担当不同的角色，有人当组长，有人当采购，有人负责文艺节目。

根据承担的任务不同，我们说每个人分别扮演着不同的角色。

A公司有一个员工老李，属于九型中的7号性格，在公司的时候经常通过一些特别的方式逗同事们开心，大家都很喜欢他。这次跟B公司合作，大家在一起的时候，老李就主动讲"荤段子"（黄色笑话），让大家笑得前仰后合。几天之后，一起参加策划活动的副总把老李叫过来，严肃地对他说："出来跟别人合作，要注意你的身份！除了是策划小组里的一员之外，同时，你还是A公司的一名员工！出了公司，你就代表公司的形象……以后讲话要注意一下。"

问：从这里看来，当强调严肃的事情时候，好像确实要用"身份"来表示，总不能对老李说"要注意你的角色"吧！

黄健辉：身份和角色的另一个区别是强调的侧重点不同。当人们说"身份"的时候，关注点在他整个人，而当说角色的时候，关注点在于说明他是属于某个系统的一个组成部分。

比如，副总对老李说："要注意你的身份！"强调点在于让老李的思想回到自己整个人身上，注意检查自己的一言一行，一言一行要符合"A 公司员工"这个身份。

假如副总对老李说："要注意你的角色！你还是 A 公司的一名员工！"这给人的感觉好像在说，老李只是 A 公司众多员工当中的一个，只是 A 公司普通的一员。

问：这个让我想起第一章中你提到全子的四种驱动力，全子既有成为"整体"的驱动力，同时也有成为"部分"的驱动力。

黄健辉：是的。全子既有成为整体、完整、统一的驱动力（自主性），同时也有成为更大系统中的一个部分的驱动力（共享性）。

身份在于强调个人的整体性、自主性，角色在于强调个人的部分性、共享性。

问：嗬，这是对这两个用词的最深层次的理解！

身份的混淆 1

黄健辉：每个人在现实中都会有很多个身份，如果无法区分出各种不同身份对应的环境、行为、选择、信念和价值观，有可能就会犯低级且严重的错误，他会感觉到不舒服、纠结、矛盾、痛苦，却又不知道错在哪里。

问：哦，你可以举个例子吗？

黄健辉：比如说，A男士，他的职业是在部队当军官，在部队工作时，他需要表现出严肃、力量和权威的感觉，他的身份需要他这样做。

当这位男士回到家后，这时他的身份已经发生了转换，在家里，他是这个家的男主人，面对妻子，他的身份是丈夫，在家中，丈夫和妻子是平等的两个身份，如果这位男士在家中也总是摆出一副严肃、力量和权威的样子，妻子也许就会感觉不舒服，毕竟妻子不是老公的部下。

军官、士兵、工作、部队，这有一套对应的信念、价值观和行为准则；男主人、女主人、丈夫、妻子、家，这会对应另外一套信念、价值观和行为准则。

问：如果这位男士有了孩子，当他与孩子在一起的时候，又应该是另一番景象。

黄健辉：是的。在孩子面前，他就是爸爸、爸爸、孩子、家、沟通、交流，这对应另外一套信念、价值观和行为准则。

当这位男士参加大学同学聚会时，他的身份变成了同学当中的一员，我、同学、班长、学习委员、班花……天真、单纯的年代，那些年、那些事，这又是另外的一套行为准则。

问：试想，如果这位男士把"军官"的身份带到同学聚会来，我想，同学们很快就会怕了，不敢再跟他交往了。

黄健辉：NLP强调灵活性，因此，灵活性在最高程度讲，是在身份层面的自由转换。

身份的混淆2

黄健辉：像以上这位男士不同身份的区分，还属于比较简单的情况，因为他的身份是随着不同的人、不同的环境发生转换的。更复杂和更具有隐蔽性的情况是：同一个人，同样的情境，面对同样的人，不同的时间里，他需要有不同的身份，这个时候，有可能他无法识别出来，也有可能是跟他交往的人无法识别出来，因而会产生矛盾。

问：你可以举个例子吗？

黄健辉：比如说，B男士与C女士，他们俩一起创业，夫妻搭档，白手起家，经营一家小型培训公司。刚开始两个人，遇到什么事情不合意，有时在办公室讨论不清楚，就在回家的路上继续讨论，无法达成一致，回到家后还继续讨论，如此两三年，相安无事。

随着公司逐渐成长和发展，从最先的2个员工增加到10个员工，B男士做了总经理，C女士挂名董事长，同时C女士还成了公司的一名导师。

问：这种情况下会有多少种关于身份的区分呢？

黄健辉：1. 在公司管理和决策上，B男士是总经理，无疑他拥有最大的权力，也相应地有一套应该对总经理尊敬、服从的信念、价值观和行为准则。C女士只是挂名董事长，属于虚位，假如是实质性的董事长，则总经理应该听董事长的。

公司开会时，显然B男士的身份是总经理，如果C女士像创业之初那样，只把B男士看作是自己的丈夫，则一定会发生矛盾，因为妻子对丈夫、员工对总经理，这是完全不同的两套行为准则。

公司管理和决策：B男士的身份——总经理，C女士的身份——员工。

2. 公司开办 C 女士的培训课程，这时 C 女士的身份是导师，在课程培训的时候，导师在会议室里拥有最高的权威，这时，公司员工，包括总经理在内，属于课程主办方、会务工作人员。

这个时候，如果 B 男士没有觉察，还使用在公司里的一套规则来对待导师，则学员会觉得很奇怪，他们会认为 B 男士一点都不尊重导师，怎么素质这么低。

课程培训：C 女士的身份——导师，B 男士的身份——会务人员。

3. C 女士在课堂里，以导师的身份出现，讲爱、关怀，讲慈悲、包容和接纳，学员们都深受感动，把她当作引领自己成长的身心灵导师。但在一些讲座上，C 女士使用各种方法，极力鼓动学员报名后续课程，这让学员突然间又感觉 C 女士怎么像一个商人，一点都没有导师的范儿？学员会觉得无法理解，其实是没有看到环境和事情已经发生改变，C 女士的身份已经做了转换。

正式培训课程：C 女士的身份——导师。

推广讲座：C 女士的身份——公司高级销售员。

4. 在家里面，讨论家事：B 男士的身份——丈夫，C 女士的身份——妻子。

在家里面，当讨论公司事情的时候，有可能大家的身份都只是公司的员工，是同事，也有可能一个是总经理，一个是下属。

5. 有的时候，员工来请教 C 女士问题，当问到关于学问上的问题时，C 女士的身份是导师；当问到公司的事务时，C 女士的身份也许属于担任的某一个角色。

问：这可真需要时刻保持清醒的头脑啊！

同样一个人，在不同的场合中，你要识别他的身份是什么，然后运用相对应的一套行为准则做事情。

同样一个人，在相同的地点，当谈论不同事情的时候，他的身份也会相应地发生转换，如果没有敏锐的觉察力，事情就会容易卡壳！

身份认同：受害者、迫害者、拯救者、创造者

黄健辉：很多人经历了一些挫折和创伤性事件后，会无意识地把自己认同为一个受害者，他觉得爸爸妈妈不够爱他，他的工作、婚姻、家庭、人际关系各种各样的糟糕情况，都是由父母、伴侣、兄弟姐妹、其他的人造成的，这类人在潜意识里，把自己定位为受害者。

问：受害者的信念是：你看我多可怜，我的情况都是他们造成的，我做得很好了，我已经努力了，我的情况之所以这么糟糕，都是他们的错！然后开始抱怨他人。这类人满肚子都是委屈和苦水。

黄健辉：当受害者关注的焦点由内往外，情绪由委屈变成愤怒，由可怜变成怨恨的时候，他就会转化成迫害者。

问：迫害者的信念是：他们都是可恨的，活该！我当初也被这样对待，以牙还牙。在行为上，也许他喜欢控制身边的人，或是主动破坏关系，极端的人则会形成对他人、对社会的攻击。

黄健辉：有的受害者经历了痛苦的体验，明白事情的根源、内在的动力，他发展出慈悲、怜悯和爱，他认为大家都是受害者，需要他的拯救，有朝一日，在条件允许的时候，他会想尽办法去帮助身边的人。

问：当把自己定位为拯救者时，他会主动承担很多责任，不断地付出，这类人有可能完全忽略了对自己、对新家庭成员的关爱。

黄健辉：经过完全疗愈、身心健康，并且明白事理、明白整个人内在运作规律的人，他每时每刻都拥有对生活、对人生的选择权，他不为过去的经历束缚，也不为任何的经验束缚，而是完全根据"道"在运作，这样的人我们称他为创造者。

问：嗬，创造者是上通天（灵性）、下接地（实在）的人。

身份定位：普通、优秀、杰出、伟大

黄健辉：不论你做什么工作，属于什么行业，担当什么角色，一旦进入公众视野，进入文化领域，就会有对比和比较。

问：人们通过各个层面的比较，比如说：

学生的时候，人们会比较成绩；

工作了，人们比较业绩、收入、财富、职务；

做家长，人们比较孩子的身体健康、智力、快乐、活泼可爱的程度等；

相亲，人们比较相貌、性格、文化、家庭、前途等。

黄健辉：任何领域和层面，都可以用普通的、优秀的、杰出的、伟大的来形容。

关于身份定位，不管你的身份是什么，你是想做普通的、优秀的，还是杰出的、伟大的？抑或是说，很差劲、很失败的也可以？

比如说，关于孩子、亲子教育，你是要做一个很差劲的家长，还是要做一个普通的家长，还是想做一个优秀、杰出，甚至是伟大的家长？

如果你想做导师，你是定位做一个普通讲师，还是要做一个影响众多学员的导师？

你是要做一个累死累活也赚不到钱的老板，还是要做一个轻松、富有、快乐的老板？

问：身份定位会决定你用什么态度来面对相关的人、事、物，也就是拥有一套怎样的信念和价值观，以及用什么方式来应对。

黄健辉：这也是我们俗称的"屁股决定脑袋"的解析。

系统、灵性和精神

问：华人 NLP 大师李中莹把理解层次中最高的一个层次用"系统"来表示。

黄健辉：这也跟他对家族系统排列理念的推崇有关。

问：哦，系统是如何定义的？

黄健辉：简单来讲，可以这样区分：理解层次的前 5 个层次，都是属于"个人的"，比如说，个人的身份定位，个人的信念、价值观，个人的选择和能力，个人的行为，个人面对的环境和资源。

系统则超越了"个人"，这是比个人更高的一个层次，它会在更高的层面上影响身份定位，影响信念、价值观，影响选择和能力，影响行为。

问：你可以举个例子吗？

> 黄健辉：比如，海灵格在家族系统排列里讲到"系统的良知""忠诚"和"追随"，在一个家族里，如果父亲被家族成员排除在外，受到歧视和忽略，父亲成为家族里的受害者，那么在下一代的儿女当中，也许有人会自动去承担这个角色——主动成为受害者，这个人甚至都不知道他为什么会在潜意识深处有这样的身份认同，连他的家人、亲人、身边的朋友也不理解。

这样的情况大量存在于我们的生活、家族发展模式里，如果你参加过家族系统排列课程，你会看得更加清晰和透彻。

问：为什么会有这样的情况？

黄健辉：为什么父亲成为家族里的受害者，下一代会有人主动去承担这个角色？因为在世世代代的传承里，在家族这个系统中，已经形成了它内在特有的动力，海灵格把它称为系统的良知。

儿女感受到父亲被排除在外，受到歧视和忽略，他的良知会促使他去追随父亲，于是，他主动让自己变得很糟糕，让自己成为一个受害者，通过受害者的身份，表达他对父亲的"爱"，表明他是"忠诚"于父亲的。

当然，系统的力量也有可能让系统里的成员成为迫害者，或是拯救者，具体的转换我们可以参考上一小节"身份和角色"中的解读。

问：是否可以把这里的系统理解为荣格说的"集体潜意识"，抑或是肯·威尔伯所说的文化？

黄健辉：你真是一语道破天机！系统可以分为很多个层次，集体潜意识可以分为很多个层次，文化也可以分为很多个层次。

当我们把分类、分层次的思想发展到巅峰、出神入化、淋漓尽致的时候，我们就会发现，事实上，这些纷繁复杂的现象其实并没有那么神秘！

问：你这话真是鼓舞人心！

系统的分类、意图和发展

黄健辉：系统是指一群具有相互关联、相互作用的个体结合而成的一个有机整体。

回到人这个层面，可以说，系统指一群具有相互关联、相互作用的个人组合而成的组织团体。

问：你可以举个例子吗？

黄健辉：比如，古代社会的系统有家庭、氏族、部落、部落联盟、王国；现代社会的系统有家庭、单位、行业、社会、国家、人类、大宇宙等。

任何一个系统，都可以从三个方面进行研究：

1.关联性，也就是个体的隶属资格、共性。

2.相互作用，系统内各个部分运作的内在驱动力。

3.系统的意图和发展方向。

问：你可以举个例子吗？

黄健辉：以"家庭"系统为例：

1.关联性，个人的隶属资格、共性：主要界定什么是家庭，家庭的内涵与外延是什么？

①一个男人和一个女人结合，生活在一起，他们有了共同的子女。

家庭扩大，包括长辈、晚辈、兄弟姐妹等，则称为家族。

②维系家庭的隶属资格包括性关系、承诺、责任、生活、血缘、DNA，以及共同生活等。

问：哦，怪不得说，有时在萨提亚或家庭系统排列工作坊里，会看到很壮观的场面，一个个案有时会出现原生家庭、现在的家庭、兄弟姐妹的家庭、子女家庭的成员一起参与进来的情况。

黄健辉：是的。系统的第二个方面是：

2. 相互作用：家庭内各个成员之间关系的内在驱动力是什么？

①夫妻之间的内在驱动力：性、身体的吸引力，情感与爱情，价值观，灵性；也可以是生存的需求、生活的舒适、事业的发展；也可能来自于文化的需要和压力。

②亲子关系的内在驱动力：血缘关系、天生气质特征的相似性、生物本能、情感、文化。

③兄弟姐妹：血缘关系、天生气质特征的相似性、情感、文化。

问：你可以说得明白一点吗？

黄健辉：比如说，最初的一男一女在一起的动力，也许是因为性、身体之间的吸引力；情感的相互需求、爱情；对未来人生的共同目标；生存的需求、生活的舒适、事业的发展等，而承诺生活在一起、结婚、组成一个家庭。

问：以上的情况是会随着时间、环境的不同产生变化的，因此他们的内在动力也就会发生改变。

然而，人们的思想、信念、价值观，或者说观点、看法，却不一定同步于以上各个动力的改变，一个人内部不同的思想层次发生改变的速度和频率也不一样。

这就是纠结、矛盾、冲突和问题产生的根源！

黄健辉：是的。比如，两个人在一起时间久了，也许性、身体之间的吸引力会变得更强或者更弱，完全没有或者是完全排斥。

情感也会发生变化：一个极度缺乏安全感的女士，因为安全感她嫁给了一位男士，可是后来这个女士做心理咨询或是参加心灵课程学习，她的安全感得到了完全的成长和满足，她不需要通过另外一个人（丈夫）来获得安全感了。

生存的需求、事业的发展、未来人生的目标等也都是会发生变化和改变的。

问：内在的动力会改变！

黄健辉：是的。然而在当代社会，人们笼统地把男女之间的吸引力、夫妻之间的吸引力称之为爱，或者是爱情，在小说家、社会道德专家、文化、意识形态的影响下，人们相信爱情与爱应该是持续的、长久的、一辈子的、永恒的。

问：但是感觉和身体，人们无法欺骗。

黄健辉：是的。夫妻之间应该有性关系，这是人们的一个信念，认为应该如此，可是如果身体感觉不到快乐，没有了激情和兴奋，信念也就成了一行干巴巴的语言文字。

问：是的。爱情与爱，如果没有了内在各个动力的相互吸引，爱原先的滋养也就会慢慢干涸，而变成一句空洞的口号。

黄健辉：系统的第三个方面是：

3. 系统的意图和发展方向。

在第一章中，我讲到全子的特征——整体/部分，任何一个全子，既是一个整体，同时也是其他更大整体的一部分,因此，全子既要维持自身的完整性、自主性，同时也要维持作为其他更大整体的一部分的共享性。

这个特征用到系统这里，完整性即指维持系统的存在和生存；共享性要求系统具有灵活度，能够成为其他系统的一部分，从而也才能更好地维持自身的生存和发展。

问：因此，系统的意图首要的就是维持自身的存在、生存和发展。

黄健辉：是的。任何一个系统，当它建立起来的时候，首要任务就是维持自身的存在、生存和发展。

问：你可以举个例子吗？

黄健辉：这样的例子太多了，比如说：

要成立一家公司，需要做相应的工商注册登记，有公司员工、办公场地、资金要求等，这些表明公司是"存在"的；当公司成立之后，就需要对外营业、赚钱、赢利，这是维持公司生存的基础，在生存基础上，才可以谋求公司的进一步发展。

问：怪不得有的学者说：开公司不赚钱，这是老板最大的罪过！

黄健辉：因为老板违背了系统的意图。

问：每一个系统，当它在宇宙进化过程中形成后，都会具有某种意义和价值，比如，开公司，它的意义和价值是让人们把资源、能力捆绑在一起，从而达到资源的优化配置，让每一个部分的价值都最大化。

如果公司不赚钱，没法生存，它就无法完成对社会的这份贡献，也就失去了存在的意义。

黄健辉：如果老板不想赚钱，其实他应该去创办一家慈善机构，而不是选择开公司。

问：是的。但是成立一家慈善机构，也会有生存和发展的问题。

黄健辉：慈善机构不以营利为目的，但它也需要有收入才能够维持生存和发展，因此它需要找人赞助和捐赠，而找人赞助和捐赠，又需要你做的慈善、公益事业具有广泛的影响力。

问：这就是慈善机构的生存和发展之道。

黄健辉：嗯。

问：家庭呢？在家庭这个系统中，它的意图和发展方向是什么？

黄健辉：家庭的首要意图是生命的延续，其次是财富、理念和文化的传承。

问：生命的延续，具体来说，就是精子与卵子的结合，也就是血液和DNA的继承。

黄健辉：在生活中，我们也听说过，当孩子不听话，或是做出一些过激的行为时，父亲或母亲要跟孩子断绝关系。比如说，一个25岁的女孩和一位50岁的男人谈恋爱，然后想结婚，父母听到这个消息后，可能会威胁说：如果你跟他结婚，我就要跟你断绝父女关系、母女关系！

问：这样的事情确实很常见！可见，在家庭系统中，它的意图不只是生命的延续，同时也包括理念和文化的传承。

黄健辉：是的。在国家这个系统中，也会有它的意图和发展方向。

系统、灵性、精神

问：灵性和精神如何解说？

黄健辉：目前国内的NLP导师，在解说理解层次时，前面五个层次的用词都相同，即环境、行为、能力、信念和价值观、身份，到第六个层次，有的导师用"灵性"表示，有的用"精神"表示，有的用"系统"表示。

问：是啊，这有什么相同点和不同点呢？

黄健辉：这三个词可以表达的含义都差不多，如果从肯·威尔伯的四象限理论解释，你就可以理解得通透、彻底。

问：哦？

黄健辉：先说不同点，从给人的感觉说，系统这个词属于第四象限的词语——集体的外在，这个词给人的感觉属于中性或是冷色调的，它似乎并不能激发一个人的情感。

灵性是偏向于第二象限的词语，指个人的内在发展到更高级阶段时的一个状态或是层次。

精神属于第三象限的词语，指在文化当中沉淀下来的，对个人的信念、价值观有强有力的影响的部分。

问：哦，从四象限的角度来区分它们的不同，这个观点非常新鲜！那么它们的相同点呢？

黄健辉：相同点是，它们都代表比"个人的身份"更高的一个层次，不管你用哪个词语来表示，事实上在导师解读时，都会涉及外在和内在的部分。

问：你可以举个例子吗？

黄健辉：比如说，在NLP课堂上，也许会有这样的对话：

导师：你为什么今天会在这里（环境：时间、地点、人、事、物）呢？

——环境和结果层次

学员：因为我报名参加了这个课程，我在这里学习、体验和思考。

——行为层次

导师：你为什么在这里学习，而不是在家休息，或是去旅游？

学员：因为我有钱交学费并且相信我有能力学会这些，同时，因为我做了一个选择和决定，我决定给自己一个成长的机会。

——能力层次

导师：你为什么会做这个选择和决定？

学员：我相信通过这个课程的学习，可以获得成长，能够让我的人生更加快乐和成功。我觉得快乐和成功是人生中重要的一部分，同样，获得提升也是人生的意义之一。

——信念和价值观层次

导师：你为什么会这样想？

学员：因为我想成为一个成功、快乐的人，我不想再像以前一样痛苦地生活，认同于自己是一个受害者，我要成为生命的创造者。

——身份

导师：哦？是什么东西触动你，让你想成为一个成功、快乐的人，想成为自己命运的创造者？你这样做，除了自己的原因之外，你还为了谁呢？

学员1：我的家庭、我的父母、我的兄弟姐妹……生活好了，赚钱了，可是我们的关系不好，一旦待在一起，大家觉得很痛苦……我要通过NLP的学习，成为家族命运的改变者！

学员2：我的公司、我的合作伙伴、我的员工……我想让公司的每个同事都有一种积极向上的思维和心态，我要学习NLP，然后把NLP的文化、理念注入公司的文化里。

学员3：我认为现在人们在大城市里，要面对工作、家庭、孩子读书、经济压力、健康等问题，人们的压力太大了，我想通过NLP的学习，成为一名NLP导师，传播这些健康、优秀的心理学文化。

——系统、灵性、精神

问：任何一件事情，都会有这六个层次。

黄健辉：是的。但一般的NLP导师都只是问一句："你还为了谁呢？"

　　学员回答出一个稍微高一点的系统层次（比如，家庭、公司、社会），就表示整个理解层次通了。

　　然而在"系统、灵性、精神"这个层次，也就是超越身份这个层次，实际上还有很多个层次。

　　问：哦？这话怎么说？

　　黄健辉：在后面的章节，组织理解层次和四象限，会有更多精彩的讨论和分享。

　　问：好期待！

第四篇 组织理解层次

因为每个人都生活在环境中，每个人都隶属于很多个系统，任何一个系统，都有它自身的理解层次，我把系统的理解层次称为组织理解层次，当一个人自身的理解层次与组织理解层次不一致时，就会产生矛盾、不舒服和纠结的感觉。

永恒不是时间的永续,而是没有时间感的当下。

——肯·威尔伯

组织理解层次

问：组织理解层次是你总结的理论？

黄健辉：是的。我认为，NLP 在中国的发展，这是最具有原创性、发展性和实用性的理论，哪怕是在世界范围内，也可以作为完善和发展 NLP 学问的理论补充。

问：可以说一下你总结出这个理论的思维过程吗？

黄健辉：2008 年我阅读了安东尼·罗宾的《唤醒心中的巨人》，读完之后我完全相信"改变是有方法，是可以做到的"，我立刻决定投身心理学、心灵成长这个领域，因为我也渴望快速成长和改变。

于是我阅读了大量的心理学著作，2009 年 6—9 月参加 NLP 专业执行师培训，然后花 3 个月时间，对 NLP 整个学问做了梳理，在读了 10 遍罗伯特·迪尔茨的《从教练到唤醒者》之后，我发现，整个 NLP 学问，事实上可以用理解层次来贯穿，《从教练到唤醒者》这本书的思路，也完全是按照理解层次的顺序构思和铺排的。

发现这个"秘密"之后，我有一种"开悟"的感觉，也对迪尔茨的创造力十分敬佩。我发现，在任何一件事情上，一个人的理解层次通了，他的言行是一致的，他的内外是合一的，也就是说，他的身心灵是合一的。

问：是的。

黄健辉：我后来发现，生活中还有一些人和事，当个人完全沉浸于事情中时，他是忘我的、身心灵合一的，他的理解层次也是通的，可当他从事情中抽离出来后，他会感觉很矛盾、不舒服、内外冲突和纠结。

问：哦，你可以举个例子吗？

黄健辉：比如说，一个15岁的男孩刘星，他在读初三，喜欢玩电子游戏，他玩游戏时，是完全身心合一的，理解层次是通的，可当他从游戏中出来后，面对妈妈的眼睛，就会有一种恐惧感，会感到内疚。

问：为什么人们沉浸在行为时身心合一，而从行为中抽离出来后，则会感觉不舒服？

黄健辉：因为每个人都生活在环境中，每个人都隶属于很多个系统，任何一个系统，都有它自身的理解层次，我把系统的理解层次称为组织理解层次，当一个人自身的理解层次与组织理解层次不一致时，就会产生矛盾、不舒服和纠结的感觉。

刘星生活在家庭系统中，这个系统的文化不支持、不允许孩子玩电子游戏；他还属于学校这个系统，学校文化也不支持学生回到家玩游戏，何况是正在读初三，面临升学考试；同时，刘星还生活在社会这个系统中，社会这个系统也有自身的文化。

问：任何一个系统，都有他的信念、价值观和对应的行为准则？

黄健辉：是的。系统的信念和价值观，人们通常把它称为文化。

问：系统的信念和价值观，是如何界定的呢？总不能找一个"系统"来问一下"你觉得什么比较重要，你关心的是什么"吧？

黄健辉：系统的信念一般指大多数人认同的信念和价值观，或者说是系统中最有权力、最有影响力的那一个人、那个层次认同的信念和价值观。

问：原来文化其实就是大多数人都认同的信念和价值观。那么文化又是如何产生的，它会受到哪些因素的影响？

黄健辉：这就是组织理解层次要探索的话题了。

首先，让我们来了解一下组织理解层次：

组织理解层次

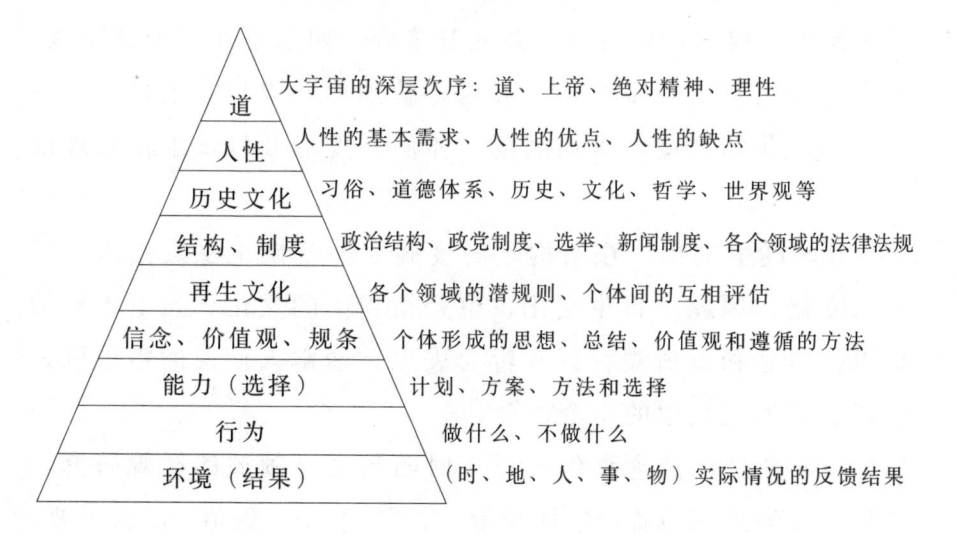

道	大宇宙的深层次序：道、上帝、绝对精神、理性
人性	人性的基本需求、人性的优点、人性的缺点
历史文化	习俗、道德体系、历史、文化、哲学、世界观等
结构、制度	政治结构、政党制度、选举、新闻制度、各个领域的法律法规
再生文化	各个领域的潜规则、个体间的互相评估
信念、价值观、规条	个体形成的思想、总结、价值观和遵循的方法
能力（选择）	计划、方案、方法和选择
行为	做什么、不做什么
环境（结果）	（时、地、人、事、物）实际情况的反馈结果

I．道、上帝的层次：关于世界的本源，宇宙未来的趋势，凭人类现有的智慧，没法解释清楚，但人是需要逻辑和意义的动物，这个说不清的本源和未来的方向，哲学家和神学家把它称为"道""上帝""绝对精神"或是"理性"。

H．人性："道"决定了人性，包括人性的基本需求——生理需求、安全需求、归属需求、自尊需求和自我实现需求等。人性的优点：真诚、善良，追求智慧，互相帮助，无私奉献等；人性的弱点：自我中心、控制、追逐权力、损人利己、破坏等。

G．历史文化：原初的文化，习俗、道德体系、规章制度等，就好像萨提亚的家庭训练模式中，分为原生的家庭和现在的家庭这样，文化这里我们也把它分为历史文化（原初的文化）和再生文化。

F．结构、制度：系统中各个部分的结构组成，以及相关的约定、规则和制度。比如，一个国家里的阶级组成、宪法制度、党派制度、权力制衡方式、新闻制度等。如果是在一个公司里，则会有公司员工组成结构（股东、管理层、中层、基层）、各个部门、薪酬制度、培训制度、休假制度以及日常工作管理规则等。

E．再生文化：在结构、制度确立的基础上生发出来、形成的文化，因此，再生文化，也是指当下的文化，当下人们的思想、信念和价值观，以及行为表现。通常人们说的潜规则，也属于再生文化中的一个部分。

D．身份、信念和价值观：回归到文化领域的微观研究，涉及个人的思想方面，包括身份、定位、信念、价值，什么重要，事情应该怎样安排才能取得想要的结果（以下层次，与第三章中讲的理解层次相同）。

C．能力（选择）层次。

B．行为层次。

A．结果层次。

问：为什么这么多NLP导师，他们在传播过程中没有总结出这个理论，反而是你，通过这样一个图示，可以把道理和含义表达得如此清晰明了？

黄健辉：也许跟我的阅读相关。

问：哦？这让我很好奇！

黄健辉：以前高中的时候我读韩寒的《零下一度》，然后迅速过渡到读李敖的书——《国民党研究》《蒋介石研究》等，我当时对李敖描述的国民党统治下的中国文化、台湾文化——官场文化、军中文化、知识分子文化、老百姓文化等。

其次是对中国近现代文化史的阅读，比如，抗战时期的文化，"反右""大跃进""文化大革命"以及改革开放后的官场文化、知识分子文化、老百姓文化、社会现象等。

然后是对经典著作的阅读：哲学、法学、政治、历史、名人传记以及国内外的著名小说，欧洲启蒙运动时期的人文思潮和理念对我的影响颇大，像康德的《法的形而上学原理》、孟德斯鸠的《论法的精神》以及托克维尔的《论美国的民主》，这些著作给我留下过深刻的印象。

尤其是托克维尔的《论美国的民主》，如果说萨提亚女士通过《萨提亚家庭治疗模式》，让人们非常直观、清晰地了解到一个家庭里各个成员之间的相互影响、内在动力的运作，从而让我们对人的成长有了更加深刻的理解，那么托克维尔的《论美国的民主》则可以看作是展示国家成长史的名作，他让我们非常直观、清晰地了解到一个国家的人员组成、原初文化、习惯、风俗，以及制度、再生文化，人们的信念、价值观、行为和社会现象等，这些层面是如何相互制约、相互平衡和互相影响的。

问：看得出你对文化特别感兴趣。

黄健辉：理解层次让我们明白个人的行为、情绪和结果与内在的身份、信念、价值观之间各个层次的相互关系，内在与外在的联系；组织理解层次则让我们明白系统中更高层次之间的相互影响和关系，以及个人与系统之间的关系。一个人的组织理解层次完全通透了，可以讲，这个人接近开悟了。

问：这就开悟了呀！

再生文化

问：文化是一个非常广泛的概念，给它下一个严格的定义是一件很困难的事情。一般认为，文化是一种社会现象，同时又是一种历史现象，是社会历史的积淀物。具体说，文化是指一个国家或民族的历史、地理、风土人情、传统习俗、生活方式、文学艺术、行为规范、思维方式、价值观念等。

黄健辉：上一章通过理解层次研究一个人外在的环境、行为，以及内在的能力、信念、价值观和身份认同，组织理解层次从个人上升到研究系统、研究组织。

问：很多个体、个人连接起来，就是系统和组织，组织理解层次是研究具有共性、群体性影响的环境、行为、能力、信念、价值观和身份认同？

黄健辉：是的。也就是说文化就是研究具有共性、群体性影响的环境、行为、能力、信念、价值观和身份认同，以及更高、更深广的规律和背后的秩序。

问：再生文化是指什么？

黄健辉：为了研究的方便，我对文化进行切分，按照时间的先后顺序，以及内在的影响关系，把文化分为再生文化，结构、制度，历史文化等几个层次。

再生文化，是指由群体的组成结构、相关的制度衍生出来的文化。通常就是指当下的社会现象、某个群体正在表达的想法、信念和价值观。

问：再生文化换个说法，其实就是指当下的文化，当下正在发生的行为、选择、决定、想法、信念和价值观。

黄健辉：各行各业、各个领域里的潜规则，就是属于再生文化的范畴。

问：你可以举个例子吗？

黄健辉：比如，人们"津津乐道"的娱乐圈潜规则、官场潜规则、商场潜规则、房地产行业潜规则、教育系统潜规则、色情行业潜规则、医疗系统潜规则，等等。

问：每个行业，每个领域，都具有相关的文化、规则，或是社会现象？你可以讲得更多一点吗？

黄健辉：先来谈一下"潜规则"。

"潜规则"是相对于"明规则"而言，顾名思义，就是看不见、明文没有规定，但是却又受到广泛认同、实际起作用、人们必须遵循的一种规则。潜规则就是隐藏在正式规则之下，却在实际上支配着人、事、物运行的规则。

潜规则既不公开，也不透明，但是，其"规则"的内容谁都明白，它比明文规定的规章制度还要厉害，还要具有杀伤力，人们都在默默恪守，心照不宣地维护它，而且，谁不遵循这种"规则"，谁就会受到排斥和惩罚，潜规则令想进入这个领域的人必须要学会尊重，并且学会执行，否则你就根本无法进入你想要进入的这个圈子里，即便是你进去了，你也发现自己无法生存，无法被这个圈子认同，很快，你就会被这个圈子抛弃。

平时人们谈得较多的是娱乐圈中的潜规则。

问：娱乐圈中的潜规则其实是一潭浑水，圈外的人根本分不清真相。一般，我们只知道诸如女演员要先上床、后上戏，新人要想快速成名，必须陪巨星睡，与巨星贴在一起的规则。

娱乐圈中还有很多利用潜规则进行自我炒作的事件，比如，某女演员利用微博主动爆料，导演发短信过来要求潜规则，可是后来记者查访，其实这不过是女演员进行的自我炒作。

黄健辉：不论是娱乐圈还是足球圈中的潜规则，我都没有什么兴趣想展开谈，因为这只是一部分人的爱好，并且还是属于人们正常生活之外的一个部分。

问：还有更重要、影响更深广的圈子？

黄健辉：是的。比如，官场中的潜规则、教育系统中的潜规则、医疗系统中的潜规则等。

问：为什么它们如此重要，可是媒体、舆论讨论得最多的却是娱乐圈中的潜规则？

黄健辉：这就是媒体、舆论界里的潜规则了。

为什么说这三个领域是更重要、影响更深广的领域？

以官场来说，在国家、社会中，政府掌握的资源是最集中、最具有分量的，而这些资源导向哪里，分配给谁，与每个人的利益都密切相关。政府的权力，是国家的全体公民赋予的，政府的开支，来源于全体公民所纳的税。

问：所以说，官场是一个国家、一个社会中最重要的圈子？

黄健辉：可以这样讲。

问：官场中的潜规则，也就跟每个人的利益和命运都紧密联系？

黄健辉：是的。

问：官场中的潜规则有哪些？

黄健辉：这个很简单，我们只需要看一下有关落马官员的报道，再做一个归纳总结，便能够让人一目了然。

你只要轻轻百度一下"XXXX年落马高官"，就可以了解到这个领域里的行情是如何的。

问：文化，具体说，也就是当下的文化，即再生文化。

许多落马官员，如果认真去探索他们的心路历程，也许你会发现，他们也都有过相当单纯、相当清廉、相当崇高的人格品质时期。

黄健辉：如果仅仅只从揭露、惩罚、批判的视角来解决腐败的问题，都是治标不治本的事情。

从发生学原理来看，只要这样的文化存在，任何一个进入这个系统的人都会受到影响，通过组织理解层次，我们很容易看出：历史文化、再生文化（当下的文化），这是比个人身份定位、信念、价值观、选择和能力、行为，都更高的一个层次，高层次的水平会决定低层次的水准和方向。

只要这样的官场文化没有改变，腐败的想法、选择和行为就会每时每刻都被催生出来，在系统面前，个人是渺小的，在这样的文化面前，个人的抵抗力量是微不足道的。

问：这些落马的官员，有的在被"双规"之前，可能也是这个社会中优秀的分子，往往也能吃苦耐劳，敢想敢干。

黄健辉：说实话，虽然他们腐败，但也有比较优秀的一面。

如果从慈悲的角度来看待今天中国官场的腐败，看待这些落马的官员，他们的下场是身败名裂，牵连到家人、朋友、部属，他们的归属地是监狱。

我想，如果我们能够盘点出这些官员的所思所想，能够真实地记录他们从进入官场时的想法、早期的行为，以及在面对金钱、权力等方面时的信念和价值观的变化，到被通报，被"组织"盯上，然后是审判、判刑，在监狱中度日，如果我们能够把其中的思想、情绪和情感都如实地记录下来，这一定是一部值得一读的好书！

问：有一部小说《沧浪之水》，就记录了一个进入官场的知识分子的心路历程。

黄健辉：这些落马的官员，如果我们从更高的角度来看，他们的命运也是一出悲剧，并且是从一开始，就注定了悲剧的结局！

问：因为在这样的腐败文化面前，个人的力量是微不足道的。我们要如何改变这样的官场文化？

文化又受什么因素影响？

黄健辉：如果你觉得国家、社会、民族，这样的研究主体太过庞大，我们可以把目光缩小、靠近、拉回来，我们来看看，在一家公司中，公司的文化是受什么影响。

问：一家公司，也许是10个人、20个人，也许是5个人，一间100—200平方米的办公室，人们进入公司，2分钟就可以参观完毕，要是在里面待一两个小时，也许你就可以感受到这家公司的某种氛围，感受到这家公司的活力，这些也可以称为公司的文化，公司当下的文化，即再生文化。

黄健辉：公司的文化会有几种类型？

以培训公司为例，培训公司通常是10—20人，小一点的可能就3—5个人，大的也许三四十人，50人以上的，都可以称为比较大的培训公司了。

培训公司的部门划分一般会有总经理室、销售部、财务部、行政部。总经理室、财务部、行政部，一个部门2—3个人，通常会比较安静，除非你跟部门的人交流，否则不太容易感知到他们的文化。

最容易展现一家培训公司文化的，是销售部门员工的工作状态。培训公司通常以电话销售为主。

如果你进到一家培训公司，发现员工都是静悄悄的，没有什么声音，你会觉得这家公司的文化不怎么积极向上，员工的状态不是太好，也许这家公司的员工都需要领导督促、监管，才会认真干活儿。

如果你进到一家公司，听到声音此起彼伏，销售部门的同事都在很积极地打电话，与客户分享、沟通、交流，你发现每一个人都在做自己的事情，销售员打完一个电话，再继续拨下一个电话……你觉得员工都很积极上进，工作时有状态，他们对工作充满热情，自动自发，不需要监督，你觉得这家公司的文化氛围很好。

问：我们把眼光再缩小到更小的范围，如果你经常逛商店，进各种不同类型、不同层次的商店，你也会发现它们的不同之处。

以服装店为例，如果你进品牌连锁店，不论里面有3个员工，还是5个员工、10个员工，你会发现，他们都很热情，主动观察顾客的需求并提供咨询、引导服务，作为顾客，你进这家店，不论你买东西，还是不买东西，都会感觉很舒服。

为什么这家店的员工那么主动、积极、热情？店里的文化是如何创造出来的？

如果你进那些不是品牌连锁，只有3—5个员工的服装店，你会感受到有很大的区别，这家店的员工好像是被逼着做这份工作，他们对接待顾客和观察顾客一点兴趣都没有，也不主动去咨询和服务。你会感觉这家店很冷清，员工没有状态，在里面的感觉好像怪怪的，来不及仔细观察想买的衣服，你就走出这家店了。

为什么这家店的员工会如此没有状态、没有热情？这样的文化是怎样形成的？

大到国家文化、社会文化、民族文化，小到公司文化、一家商店的文化，文化跟什么相关，由什么因素决定，比文化更高的一个层次是什么？

黄健辉：我们说结果由行为创造，行为由你的能力和选择决定，能力和选择又跟信念、价值观相关，相信什么样的信念，什么重要，这又由个人的身份定位决定。

一个团队、团体，一个组织、系统，它是由很多个人组合而成，它也有相应的目标追求，想要取得一定的成果，就需要系统当中的每一个人都做对的事情，都有相应的能力、信念和价值观，而个人的信念、价值观，会受到系统文化的影响。

那么系统的文化，是由什么造就的呢？在下文会有论述。

结构、制度

问：在组织理解层次中，结构、制度是比文化更高的一个层次？

黄健辉：是的。在任何一个组织和系统中，当下的文化（再生文化）都或多或少受到结构、制度的影响，并且，往往最主要的是受到结构、制度的影响。

问：你可以举个例子吗？

黄健辉：比如，前一个小节中提到的两家服装店，进去后感觉两家店的员工销售热情、服务态度明显不一样，两家店里的文化明显不同，通常是因为两家店的薪酬制度不一样。

形成品牌连锁经营的店，它有比较成熟的制度，在所有的制度中，最影响员工热情与心态的，就是薪酬制度。品牌店员工的收入通常都会跟他们的业绩相关，例如，他们的收入方式可能是：收入＝底薪＋业绩提成＋奖金。

NLP相信，每个人都是自己人生道路上的专家，自己是最了解自己的人。

每个人在生活中有哪些需求要满足，有哪些开支必须要付，未来想过什么样的生活，他知道得清清楚楚。这些，都需要用金钱来满足，金钱从哪里获得呢？最实际的，就是增加工作的收入。

如果有机会，每个员工都渴望增加他的收入。

品牌店的薪酬制度设计把员工的收入与业绩挂钩。

员工要想增加收入，提升业绩就是他们唯一的办法，当制度这样设计时，员工就会一门心思想把业绩提上去。

如何能够提升销售业绩？

让顾客舒服是最主要的一点，如何让顾客舒服、愿意购买呢？要热情、主动地去接待、提供咨询和服务。

想过更好的生活，这是员工要的；想要提升收入，这是员工的目标；服务好客户、主动销售，这是员工对自己的要求。

这就是自动自发的工作！

一些非品牌、非连锁的店，小老板凭借自己的聪明和积累，开一家店，雇三四个员工，老板想着自己工作是多么认真、吃苦耐劳，应该可以带动、影响店里招进来的人。工资方面，想着越简单越好，一刀切，一个月XX元。

刚开始员工觉得底薪还挺高的，比品牌店的底薪还要高，干活儿也卖力，久而久之，员工就越来越没有干劲、没有热情，对销售也没有兴趣，两三个月下来，就形成了我们看到的那种情况。

问：在一家商店中，员工的薪酬制度，会直接影响他们的心态、热情和做事情的方式？

黄健辉：是的。制度确立后，会形成一种与制度相关的文化，也就是我们讲的再生文化——当下的文化。

问：那么结构是指什么？

黄健辉：结构是指一个组织或者系统中各个要素的组成部分。

例如，品牌连锁服装店，它的结构组成是这样的：

总公司：负责愿景和梦想、定位、战略、销售方案、薪酬制度、培训体系；

分公司：负责区域内若干家店的经营和管理，有督导员、培训经理；

店：店长、储备店长、财务。

一家店不仅仅只是一家店，它还有总公司、分公司，以及各个层级的专家、技术员来支持和帮助。

问：当每一个部分都最充分地发挥它的作用时，整体的效益就会达到最大化。

黄健辉：小老板经营一家店，在结构设置上，就两个部分：老板（发工资、雇用劳动力）和员工（干活儿、领工资）。

问：当对组织理解层次有足够深刻的认识时，你只要看一下这家店结构、制度的设计，就会照见到它可以做多大，可以

走多远！

黄健辉：是的。扩大到一家公司，也是一样。

还是以培训公司为例：

成熟、有活力的培训公司，它的结构设置一般会包括：

股东的组成：股东的结构组成又分为投资人、管理者、导师、营销人员等；

管理部门：总经理、副总经理、营销总监、行政经理、财务经理；

销售部：部门经理、销售员；

行政部：行政经理、行政专员；

财务部：财务经理、会计员。

问：不论现在是否成立这样的部门，当你做出这样的区分后，就能够让做事的人把思维想得更远、更大、更仔细。当这么多部门以及每个部门的工作人员都能够相互配合、齐心往公司的总目标努力时，公司整体就能够发挥最大的动力和向心力，从而让公司取得最大收益。

黄健辉：一家公司人员的组成结构设置得好，表明它具有成为大公司的潜在能力。

一家公司的制度设计得好，它就能够最充分地调动各个部门，让每一个员工都发挥他的最大潜能。

问：培训公司的制度一般包括哪些？

黄健辉：最主要的有薪酬制度、培训制度、升迁制度、休假制度等。

薪酬制度包括底薪、业绩提成、管理提成、补贴、奖金、年终分红、股权激励、股东分红等；

培训制度包括岗位技能培训、心态培训、思想智慧培训等；

升迁制度包括明确每一个岗位的职责要求，如何可以获得升迁；

休假制度包括周假、年假、事假、病假等。

问：每一种制度实际上都跟员工的工作、收入、生活息息相关？

黄健辉：制度是明确性的要求和指导方案。每一项制度都要考虑它对员工的影响是什么？是给公司加分，还是给公司减分呢？

一家公司的制度设计得好，它就能充分调动员工的热情，让每一个行为都往好的、往成长、往进步的方向发展。

问：是的。每天进步1%，持之以恒，小的团队也能够成长为令人刮目相看的大公司。

黄健辉：在结构、制度这个层次，以公司为例，它的高级水平是关注公司的营销策略、商业模式和投资融资。

问：人们说，在中国，20世纪80年代，只要有产品，就可以发大财，因为这是一个产品稀缺的时代，下海的一批人先富了起来。

90年代，工厂如雨后春笋般长起来，产品过剩，同质化商品充满市场，这时候谁拥有一套有效的营销策略，谁就能够先做大做强。

经过10年的学习和成长，营销策略迅速被企业家们学习与模仿，许多行业的营销策略都在走向同质化，2000年之后，单靠营销策略已经不能够让企业在同行中脱颖而出，赢利模式和商业模式随之诞生。最显著的表现是在互联网企业，当腾讯、网易、阿里巴巴等企业刚建立起来时，人们质疑，QQ、网易邮箱、阿里巴巴会员，这些都是免费的，长期下来，企业如何生存，如何赢利？

但是它们做到了，它们不仅生存了下来，并且赚到钱，赚到了大钱，而且还在持续地成长和壮大。

黄健辉：如果你是公司的老板、企业的负责人，你想建立一个赚钱、优秀、卓越的公司，你不仅要深入、精准地学习理解层次上的环境、行为、能力、信念、价值观、身份定位等内容和技巧，熟练运用它们，充分调动自身的能量、能力、潜能和智慧，并且还要熟练地运用这些理念和技巧，充分调动合作伙伴、管理层、员工的各个层次，以便发挥其最大的能力和效用。

仅仅是理解层次还不够，理解层次是一对一直接提升个人的状态和能力，你还需要掌握组织理解层次中的每一个内容，包括：

1. 公司的梦想、愿景、长远规划、中期规划、近期计划。
2. 组织架构、岗位设计、职责要求、人才招聘。
3. 股东结构、董事会结构、运营管理、中层管理。
4. 行政部门、财务部门、营销部门、服务部门、研发部门等。
5. 营销策略、商业模式、投资与融资。
6. 培训系统、薪酬制度、休假制度、福利等。

问：不仅是要关注它们，还要形成一套系统，形成制度，用文字、文本、协议、纪律性的东西落实下来。

黄健辉：每一种制度、规则，当得到落实后，它就会体现在组织系统中的每个人身上，通过每个成员的行为体现出来，从而形成一种相应的文化。

问：NLP大师李中莹说，不论你的企业是大是小，都有它本身的文化，如果不是好的、能够推动企业进步的文化，就是差劲的、懒散的妨碍企业进步的文化。

黄健辉：当一个企业形成好的文化，向下它会影响员工的身份定位、信念、价值观，影响能力、选择、行为，从而提高员工的收益。

所有低层次的价值和行为，又会反过来肯定了高层次的理念和价值。

问：怪不得企业管理培训市场上，关于每一个层次、每个层次中的内容，似乎都已经有了专门的培训课程。

黄健辉：是的。例如：

目标层次：目标达成方案、时间管理等；

行为层次：激发行动力的培训，早期的成功学和潜能激励主要针对于此；针对某个项目，公司开的启动仪式、目标大会等。

能力层次：各个方面能力、技巧的培训。

信念、价值观、身份层次：NLP、教练技术、九型人格以及各种各样的领导力突破等；

文化层次：企业教练、企业咨询管理导入等；

结构、制度层次：股权激励和设计、营销系统、薪酬制度设计、培训部门的导入、网络营销、资源整合、商业模式、投资与融资等。

如果仅从公司角度讲，比结构、制度更高的层次，就是对人性的解读了，对人性深刻、精准的领悟和解读；我们会在后面的小节中探索；比人性更高的层次，就是道，在培训市场上，也会有专门针对道的培训和学习。

问：如果把眼光放得更高、看得更长远，比公司更大的组织，比如说，公司联盟、行业协会，社区、一个乡镇、城市、省，甚至是一个国家，在这些组织中，结构与制度又是如何发挥影响力和作用的呢？

黄健辉：任何一个组织和系统，无论它是大到国家，还是小到只有三五个人的公司，它的结构组成和制度设计都会对比它更低的所有层次产生重大影响。

问：嗯，那么制度呢，制度又是如何影响国家的方方面面？你可以举个例子吗？

黄健辉：当代中国最大的制度，可以称为改革开放——1978年十一届三中全会确立的对内改革、对外开放的政治制度。

其中取得最显著成果的，就是中国的经济，因为经济制度的改革，让中国一跃而成为世界第二大经济体，成为受世界尊重、让世界刮目相看的国家。

问：1978年开始，中国从原来的计划经济、公有制经济，逐渐调整为以市场经济、混合制经济发展为导向的国家。

这个过程是怎样发生的呢？

黄健辉：我们来看一下各项制度改革的时间表：

1978年11月，安徽省凤阳县小岗村开始实行"农村家庭联产承包责任制"，拉开了我国农村经济改革的序幕。

1979年，党中央批准广东、福建在对外经济活动中实行"特殊政策、灵活措施"，并决定在深圳、珠海、厦门、汕头试办经济特区。

1983年年初，确立农村家庭联产承包责任制，并在全国范围内全面推广。

1984年，提出有计划的商品经济制度。

1986年，全民所有制企业改革启动，国务院颁布《关于深化企业改革增强企业活力的若干规定》，提出全民所有制小型企业可积极试行租赁、承包经营，全民所有制大中型企业要实行多种形式的经营责任制，各地可以选择少数有条件的全民所有制大中型企业进行股份制试点。

1987年，中央提出"一个中心、两个基本点"的基本路线。

1988年，提出"科学技术是第一生产力"。

1992年，确立社会主义市场经济体制改革的目标，同时对医疗、住房进行市场化改革。

1993年，建立现代企业制度。

1995年，提出"两个根本性转变"目标：一是经济体制从传统的计划经济体制向社会主义市场经济体制转变，二是经济增长方式从粗放型向集约型转变。

1999年，明确非公有制经济是社会主义市场经济的重要组成部分。

2001年，中国正式成为世界贸易组织成员。

2002年，"十六大"确定全面建设小康社会的奋斗目标。

2004年，保护私有财产写入《宪法》。

2006年，做出构建社会主义和谐社会的重大决定。

2007年，科学发展观写入党章。

问：中国在经济上的改革和取得的成果，大大改善了老百姓的生活，提升了生活的品质，也让社会一片繁华，让国家富了起来。

如果没有1978年的改革开放，如果没有经济制度的改革，今天的中国又会是怎样的呢？

制度与文化，制度与人们的身份、信念、价值观，制度与能力、技术，制度与选择、行为，制度与人们的生活、生命的状态，制度与社会的财富、各行各业，到底都有着怎样的联系与影响呢？

黄健辉：苏联（苏维埃社会主义共和国联盟），1922年12月30日成立，它是以公有制为基础的国家。1991年12月25日，苏联总统戈尔巴乔夫宣布辞职，国旗从克里姆林宫上空缓缓降下，12月26日，最高苏维埃自我解散，苏联不复存在。

问：在你的书中，如此清晰与细致地讨论经济、政治以及制度，是不是已经超出了"身心灵"的范畴？

黄健辉：这正是本书深刻的地方所在。

一般的身心灵导师、身心灵培训、身心灵著作，会教你如何觉察，觉察你的念头、情绪，探索你想要什么，深层次的价值观是什么，经过一系列的活动和体验，最后老师会告诉你两个字，你一直在苦苦追求的，不就是"幸福"吗？

问：是的。"幸福"是身心灵领域最喜欢讨论的一个词语，有的机构还以"投资心灵课程，收获幸福人生"作为公司的口号。

黄健辉：身心灵导师，教你如何可以有更大的接纳度，减少欲望，只要你的欲望减下来，你的幸福感自然就提升了；成功学的导师，教你如何拥有更好、更高效的行为表现，如何赚更多的钱，财富越来越多，意味着你可以过品质更高的生活，这便是幸福；网络营销的导师，告诉你通过网络推广，建一个成交型的网站，或是开一个网店，你用极少的推广费用，却可以获得全国，甚至全世界范围内的客户，投资少，回报大，坐在家里轻松赚钱，这便是幸福；薪酬制度、股权激励的导师，教你如何运用一套有效的薪酬制度和股权激励方案，把企业的利益与员工、中层管理、高管的利益长期捆绑在一起，让员工看到希望，让中层觉得有机会，让高层有"当家做主"的感觉，当团队中的每个成员都尽最大努力实现价值最大化时，他们的收益也是最大的，工作是自动自发、心甘情愿的，这便是幸福的企业。

问：你是说，幸福有不同的层面和不同的维度？

黄健辉：是的。幸福是一个文化内涵很广、具有深刻性并且又有思想高度的词语。

问：幸福要从深度、高度和广度来理解它？

黄健辉：嗯，最简单的层次，你可以把幸福理解为快乐，比如，人们问你幸福吗？首先你会回到你的感觉，我这段时间是快乐的，还是痛苦的呢？其次，幸福是一种满足感，对自己的处境、状况、收益等方面的满意程度。

问："幸福"现在是一个很流行的词语。

孩子小的时候，爸爸妈妈说：要给孩子一个幸福的家庭。

孩子长大了，说：要给父母亲创造一个幸福的晚年。

老板说：一流的企业要让员工在公司工作感觉到幸福。

房地产开发商向客户许下愿景：要建立一个幸福的小区。

政府向民众承诺：要提升全国人民的幸福指数。

黄健辉：身心灵学问一般认为，幸福是由每个人自己掌握的，幸福是一种感觉，是一种对自己状况的满足感，没有任何

NLP 自我沟通练习术
领悟

一个人可以给你幸福。

但身心灵学问并不反对给别人创造幸福，身心灵学问也提倡人们多为他人着想，为他人创造效益，为他人提供服务和价值，为社会做出贡献。

问：为他人创造幸福的条件，这似乎有点像是"爱"与"善"的说法。

黄健辉：身心灵导师提倡爱与善，提倡在爱与善方面的修行，一般都是止于个人层面：个人的行为、能力、选择、信念、价值观、身份定位，也就是理解层次中的各个层次。

问：爱与善，还可以有更高的层次，可以在更高层面修行与精进？

黄健辉：是的。比如说，在文化层面、制度层面，建立一个好的薪酬制度，让员工自动自发、多劳多得，让员工的信念、价值观、能力、行为以及效率，都得到极大提升，让公司所有人都受益，难道这不是爱与善的体现吗？难道这一份爱与善比不上给路边一个乞丐5块钱这样的行为吗？

问：一般，人们常常把给路边一个乞丐5块钱，当作是一个善行，认为这个人很有爱，心地很善良。

但似乎中国人一般不觉得老板很善良，高管很善良，领导很善良，政府官员很善良，在中国的文化基因里，从来不觉得老板很有爱，高管很有爱，领导很有爱，政府官员很有爱。

黄健辉：中国人关于爱与善良，还仅仅只是停留在感觉层面、感性层面、民间的层面，看到一个妇女让孩子把5块钱递给路边的一个乞丐，我们马上感受到人间自有真情在，这个妇女很善良、很有爱。

问：你认为爱与善良，还可以提升到理性的层面，提升到更严谨的推理层面、专业的层面？

黄健辉：是的。一家企业，如果要做股权激励，股权激励最重要的原则就是看员工对公司贡献的大小，贡献大，占的股份就应该多。

当爱与善上升到理性层面，上升到专业层次，也应该是这样。

问：为什么？

黄健辉：一家企业，最高的价值层次，用股份来表示。其他的价值层次，依次往下推理。

在人类社会中，价值与意义的排序是在道德这个领域，也就是肯·威尔伯讲的第三象限，而道德这个领域，爱与善占据着最高的价值层面，就好比企业里的股份这个层次一样。

问：因此，对爱与善的衡量，当爱与善上升到理性层面时，它们应该与一个人对社会的贡献挂钩，就好像股权激励要与员工对企业的贡献大小挂钩一样。

黄健辉：当爱与善穿越感性，提升到理性层次时，它们可以用来衡量所有的领域、所有的行业、所有的组织、所有的人，因为它们有了一个统一的标准——贡献的大小。

问：你认为"大爱""大慈大悲"的修行，应该提升到对文化、对制度的改良与提升这个层面？

黄健辉：是的。从组织理解层次，你可以一眼看到，高层次的改进与提升，可以令所有低层次的组成都直接受益。

问：制度是如此重要！

一套好的薪酬制度，能够持久调动员工的积极性和热情；一个好的营销方案，能够让企业起死回生，超越竞争对手；一个好的商业模式，能够让企业成为领军品牌，走在世界前列。

政府有一套好的制度，能够约束官员的行为，提升办事的效率；国家有一套好的制度，能够让社会繁荣，国家富强，人民安居乐业，老百姓感受到幸福。

黄健辉：是的。如果你想成为一个组织、系统的优秀领导者，一定要关注组织中制度的设计，关注结构、制度这个层次。如果你在走修行这条道路上，想修得"正果"，最终"开悟"，也要关注结构、制度这个层次。

如果你连制度、文化与人们的关系都不了解，弄不清楚，说什么有"大爱""大慈大悲"，这些都是低级水平，已经不适用于当代的文化，不适用于当代社会人们的修行方式。

问：修行不只是在身心灵领域，修行可以体现在生活、工作和事业中。

媒体记者采访稻盛和夫：你认为人活着的意义、人生的目的到底是什么？

稻盛和夫答：对于这个最根本的疑问，我仍然想直接回答，那就是提高心性，修炼灵魂。

记者：你为什么经营企业，经营企业的目的是什么？

稻盛和夫：通过经营企业，让心灵得到修炼，让灵魂比出生时有一点点的进步，或者说是为了带着更美一点、更崇高一点的灵魂死去。

黄健辉：如果这样的理念能够进入政治领域，进入官场文化，进入官员的思想和灵魂里，那将会是整个国家、整个社会的福气。

历史文化

问：公司拥有一套好的薪酬激励制度，能够调动员工的积极性和热情；政府拥有一套好的制度，能够约束官员的行为，提升办事效率；国家拥有一套好的制度，能让社会繁荣，国家富强。

黄健辉：是的。制度和规则确立后，人们就会按照制度和规则去行事，让自己的利益最大化，时间一长久，就会形成信念、价值观、能力和相应的选择，形成一种新的、与这套制度相配套的文化——再生文化。

问：制度决定再生文化，决定当下的文化，制度又是如何被制定出来的？制度由什么因素决定？为什么不同公司、不同国家，会有不同的组成结构和制度？

黄健辉：首先，制度是由人制定出来的，人们根据自己想要实现的目标、想要满足的需求，制定一套制度；其次，制度与之前人们的习惯、认知有关。

前一种，我们称为人性，或者说对人性的认知，决定制度的设计；后一种，称为传统文化、历史的文化、认知，决定制度的组成。

这个小节，主要研究历史文化、传统的认知对制度的影响。

问：历史文化是指什么？

黄健辉：历史文化，也称为原初的文化、原先的文化。

对一个家庭来说，历史文化指这个家庭过去的文化，最主要的就是指原生家庭文化，再往前就是家族文化。

问：在心理学培训中，萨提亚就是专门研究原生家庭对孩子、婚姻关系、亲子关系、新组成家庭的影响的学问。还有家族系统排列，专门研究家庭、原生家庭、家族系统中的内在动力对个人的影响。

黄健辉：如果你参加了成功学、潜能开发、目标设立、时间管理、NLP、教练技术培训，参加了营销系统、企业管理、总裁智慧培训，你还是没有成功、快乐的感觉，找不到幸福，那么你会发现你的情感、婚姻、亲子关系被一种说不清道不明、似乎存在、若隐若现，却又总是在关键时刻影响你抉择的力量所主导，朋友们觉得你聪明、成功，然而在深夜，当一个人静静躺下来，回到内在时，想想这个世界、人生，想想几十年走过的路，一股莫名的孤单、寂寞袭来：人活着是为了什么？我是谁？我的人生要往哪里去？

问：如果你去过广州的银河园，进到中心景区，发现在你前方、后方、左边、右边，四面都是斜坡，绿油油的草地映入你的视野，草地上是一望无际、密密麻麻的墓碑，走近墓碑，看着主人的相片，上面写的文字，XX年到XX年，你会发现，历史就在你的眼前，今天的历史文化，时光往前倒流若干年，就是现代史，也许就是当时最激进、最时尚的潮流。

黄健辉：一个人的灵性一旦穿透了历史、文化和时间，他就再也没有勇气骄傲了，时间使伟大变成渺小、骄傲变成悲哀，使少年的意气风发变成老年的平和安详。

就在读完这一行文字，就在刚刚过去的一呼一吸里，"当下"就已经成为历史！

问：啊……啊！就在一呼一吸之间，"当下"就已经成为历史,"当下"是如此短暂,就好像流星在漆黑的夜空中一闪而过,那么"活在当下"要如何来把握呢?

身心灵导师告诉我们:不要活在你的过去,过去的已经成为历史,时光会倒流吗?太阳可以西升东落吗?一切一切的过去,都已经永远过去了。

黄健辉:身心灵导师还告诉我们:不要活在未来,不要只是傻傻地幻想,没有行动。你可以把明天的金币,装进今天的口袋里吗?

问:不能活在过去,因为过去的已经成为历史;不能活在当下,当下是如此短暂,一闪而过;不能活在将来,将来永远是个未知数。我们应该怎么办?

黄健辉:继续修行,并在生活中去领悟吧!还能怎么办?当你能体验到当下即代表永恒时,你就解脱了。

问:当下即代表永恒,这是一种怎样的境界!活在当下即代表活在永恒,这就是佛的境界吗?开悟?这样的境界要如何修行才能达到呢?

黄健辉:这又回到"如何把一头大象吃掉"的问题上,答案还是一口一口地吃。修行首先是从练习观察、觉察,从练习觉知力开始,包括对身体的觉知、情绪的觉知,对潜意识、意识的觉知,以及觉察他人的身体反应、情绪反应,觉察他人潜意识、意识层面的信念和价值观。这些能力在NLP培训课程里提升是最快的。

其次是进行整合,让自己的意识与潜意识合一,与身心灵合一,与系统合一,与文化合一,与历史合一,与未来合一。

问:家庭的历史文化指原生家庭文化,如果是对于一个商店、一家公司而言，它的历史文化是指什么？

对于商店的制度来说，历史文化是指制度确定之前，商店过往的基本情况，尤其是商店老板的文化程度、认知情况，大概来讲，老板过去的人生经验、认知，就属于商店的历史文化。

对公司的一套制度来说，历史文化是指制度确立之前，公司的文化、公司的基本情况、公司的发展历程，尤其是公司老板、股东、高管的文化程度、认知、梦想、关系等情况。

对一个国家的制度来说，历史文化是指制度确立之前，这个国家、民族过往的历史、传统文化、经济状况、人员组成等情况。

问：你可以举个例子吗？

黄健辉：比如、街市上一个杂牌的服装商店Ａ，店里的员工是按照每个月发固定工资，这就是商店里的薪酬制度。

为什么老板会这样确定薪酬计算方式呢？明眼人一看这个薪酬制度，就知道这家商店一定做不大，销售一定不会好，因为制度的设计方式不符合人性，不能够把人性中的优点激发出来，也不能够抑制人性缺点的呈现。

这家店的老板，以前是从摆地摊起步，他只有初中文化，爸妈是农民，他觉得按提成计算工资，每天要对员工的业绩进行统计，还要计算提成，这太麻烦了！他的人际关系圈，都是摆地摊的人，能够开一个店，他的朋友们已经很羡慕了，虽然对员工的热情、勤奋程度不满意，但商店也还没有到亏本的地步，他也能够"知足常乐"。

这样的固定工资制度，Ａ商店老板实行了三年。

问：哦，只实行了三年？

黄健辉：到第四年，Ａ老板感觉到生意越来越难做，原因是就在他对面同一条街，陆续开了四五家销售同类商品的店面，大家比价格、比促销，然后是品牌店的进入，品牌店的衣服价格上是贵一些，但是员工的服务热情、销售意识都很强。有些月份，A老板发现，发完工资后，几乎没有余下的钱。三年合同就要到期，租期满后店面租金要涨50%。

一想到这些，A老板晚上觉都睡不着，常常失眠。

有一天，A老板的一个小学同学从上海过来，送给他一本《自己就是一座宝藏》，A老板看过后，大受启发，于是把作者所有的著作和DVD都买来观看，看了一遍又一遍，看得他热血沸腾，思路顿开。

他上网查找相关培训，然后安排时间去参加，从此一发不可收拾，他先后参加了成功学、潜能开发、教练技术、NLP等培训，学习销售、营销、组织系统建立、薪酬制度设计等。

问：这就是中国许多民营企业家的成长方式。

黄健辉：经过一年的学习，A老板的思想发生了翻天覆地的变化，就像完全变了一个人似的，他会有意识地与员工单独面谈，引导员工做总结，专门请员工吃饭，然后分享他去学习的一些收获。在薪酬制度上，他也做了调整，员工当中选出店长、副店长，全体员工按照销售业绩算提成，销售额超过规定任务量还有额外的奖励，每个月的任务超过目标，店长也可以获得额外的奖金。

经过一年的改进和调整，A商店已经建立起较为完善的薪酬激励、员工培训、休假、岗位职责等制度，员工工作做到了自动自发，商店里形成一种积极向上、学习进取、热情销售、细心服务的精神。

问：好的制度确立后，系统的文化也就随之改变。

黄健辉：每个新员工进来，都受到这一套制度、文化的熏陶，员工的身份定位、信念、价值观和行为选择，也都受到了正向的影响，商店销售额逐月上升。

第二年，A老板在同一条街，开了第二家店。

过了半年，A老板在5公里之外的闹市区开了第三家店、第四家店、第五家店。

第三年，A老板参加了品牌建设的培训后，他决定5家店要做一个统一的形象管理，形成品牌优势，于是他聘请了一个职业经理，并且注册了公司。

第四年，A老板拥有了10个加盟店。

问：历史文化会影响制度的设计，制度产生新的文化，而文化会影响系统中每个人的信念、价值观和行为选择。

黄健辉：是的。一个商店是这样，一个公司、一个企业是这样，一个民族、一个国家，也是这样。

问：国家的制度也受历史文化的影响？

黄健辉：我们从最近的制度和历史文化谈起，当代中国最大的制度是什么？

问：改革开放，你在上一小节说过。

黄健辉：是的。对内改革，对外开放。

问：中国为什么会诞生"改革开放"这样一项伟大的制度呢？

黄健辉：我们从近代中国的历史文化开始说起。

1949年，在伟大领袖毛主席、伟大的共产党的带领下，新中国成立。

共产党的指导思想是：马克思、列宁主义和毛泽东思想。

马克思哲学的主要理论是辩证法和唯物论，辩证唯物主义和历史唯物主义是马克思哲学的两大组成部分。核心思想是：

1. 生产力决定生产关系，经济基础决定上层建筑。

《政治经济学批判序言》中提到："人们在自己生活的社会生产中发生一定的、必然的、不以他们意志为转移的关系，即同他们的物质生产力发展到一定阶段相适应的生产关系。"这里的生产关系主要包括：生产资料归谁所有，人们在生产过程中的地位和相互关系，产品如何分配。这些显然是客观的、不以人的意志为转移的，具体来说它是一种物质关系、经济关系。

人类社会发展至今，经历了五种生产关系：原始共产主义、奴隶制生产关系、封建生产关系、资本主义生产关系和社会主义生产关系。这些不同的生产关系的更替不是由人类意识决定，而是由社会生产力状况决定。

2. 社会存在决定社会意识。

社会生产的物质生活过程，即物质资料的生产方式决定社会意识。

3. 生产力与生产关系的矛盾、经济基础与上层建筑的矛盾是社会发展的动力，决定社会形态的变革和演进。

社会发展和变革的根源和动力就是人类社会的矛盾。生产力的不断发展使落后的生产关系不能与之适应，于是便出现社会革命来变革旧的生产关系而代之以新的生产关系，这样才能解放生产力。

马克思哲学的第一次应用是马克思对资本主义的剖析。马克思认为，随着资本主义社会的发展，社会化大生产与生产资料资本主义私人占有制之间的矛盾日益激化，由此决定的经济基础与上层建筑的矛盾也日益激化，整个社会日益分化为两大直接对立的阶级——资产阶级和无产阶级。无产阶级为了彻底摆脱受剥削、受压迫的苦难命运，使自身和全人类获得彻底解放，就必须拿起阶级斗争这一有力武器，彻底推翻资产阶级的统治，摧毁资产阶级的国家机器，建立起以生产资料公有制为基础的社会主义制度。通过历史唯物主义发现"资本主义必然灭亡，社会主义必然胜利"这一不可逆转的历史潮流。

以马克思主义为理论指导，在毛主席的带领下，新中国成立后开展了一系列的政治运动。

问：啊……啊！就在这30年不到的历史里，就在我们身边，许许多多的人，也许就是我们的家人就参与了、经历了这一系列的历史！

黄健辉：很多学心理学、进行身心灵修炼的人，说通过打坐、冥想、祈祷以及在生活中做一些捐助、公益来修炼慈悲心。

我发现，我是通过阅读历史来修炼慈悲心。

问：心理学有一个说法：如果一个人不愿意改变，那是因为他受的痛苦还不够大！

当痛苦到极点，无法忍受了，只要有一线机会，他就一定会采取行动。

黄健辉：国家是几千万或十几亿人民组合在一起，也遵循"人"的规律。

如果把中华民族看作是一个人的话，在这30年中，她受到的创伤实在是太多了。

如果有这样一个来访者：她曾经杀过人，童年被父母虐待，小学受同学欺负，中学时被校长性侵犯，男人欺骗她的感情，男朋友把她抛弃，她恨过爸爸妈妈，认为他们不该把她生下来，指责兄弟姐妹，抱怨公司老板，憎恨这个社会，身体无力，经常失眠……如果你是心理咨询师，这样一个来访者来到你面前，你会如何对待呢？

问：还能怎么办？首先要中正！怀着慈悲的心，看到她内在的那一份渴望和力量！你想想，经历这么多，她居然还能来到心理咨询室，出现在你的面前，这是一件多么不可思议、多么神奇的事情啊！

黄健辉：心理咨询和治疗，这是一个修炼慈悲心的职业。

问：如果一个人，可以把心理咨询、心理治疗、心灵成长的理念带入民族文化中，他就会成为民族的疗愈师，成为民族的身心灵导师。

黄健辉：是的。这个国家，这个民族，潜意识中还有太多的创伤没有被疗愈。

问：是否每个创伤都需要被疗愈？

黄健辉：一般来说，如果这个创伤对你现在的生活、工作，对未来的人生有负面影响，那就需要疗愈。疗愈是为了更加健康、更加有力量地成长！

问：这就是1977年前后，中国的历史文化和社会背景，所以说，改革和开放是必然的，因为前面真的没有别的路可走了！

黄健辉：其实，更准确的说法应该是：1977年之后，中国改变了整个国家力量使用的方向，不再大搞政治运动，而是把重心转移到经济建设上来；不再只是与共产主义、社会主义类型的国家合作，只是向社会主义的国家开放，而是向真正发达、经济、科学、文化都繁荣的资本主义国家开放。

问：现代人已经很少去阅读历史和反省历史了。

行为决定结果，能力、技术和选择又决定了你的行为，身份定位、信念、价值观决定你如何去选择。

每一个人的信念、价值观，受当下文化、环境的影响，当下的文化受到制度、结构的影响。制度和结构又受历史文化的影响。

制度和结构除了受历史文化的影响之外，还受什么因素的影响呢？

如果仅仅只是受历史文化影响，也许中国现在都还处在"文化大革命"的伤痛之中。

黄健辉：曾经，安东尼·罗宾的一句话——过去并不等于未来——激励了千百万人，改变了他们的命运。

这句话应用于一个民族、一个国家，也同样有效——历史文化并不决定我们的未来！

问：是的。当一个民族、一个国家的意识觉醒，来到理性的层次，它就不会让"历史"来决定国家的发展和未来，而是根据我们的梦想，根据目标，根据我们想要的结果，来进行制度和结构的设计，进行制度与结构的改革，从而引导一种全新的积极向上的文化，影响每一个人的信念、价值观，使每一个人的行为都指向想要的结果！

黄健辉：以终为始，这是所有一流导师的共同理念。

问：我们究竟想要什么样的结果呢？作为人类，应该创造一个什么样的社会？我们要如何去构建一个有意义、有价值的人生？

黄健辉：这需要我们精准地把握"道"，领悟"道"。

问：道可道，非常道，名可名，非常名，这可不是一般人可以"悟"的。

黄健辉：那我们就先从了解人性开始吧！了解人性的优点、人性的弱点，了解人性的需求。毕竟，人的一切行为、一切思想，都可以理解为满足人性的需求。

问：要知端的，且听下回分解。

人 性

（一）人作为全子的特性

问：人性，这是个非常广阔的话题，要如何研究呢？

黄健辉：按照肯·威尔伯的方法，遇到任何一个广阔性主题，先来个"定位概括"，其实就是分类的方法，分大类、分小类，在类别里面，把你想要表达的观点，呈现出广度、深度和高度。

问：分类，上帝创造了宇宙，创造了天地万物，创造了亚当，并给亚当命名以后，上帝交给亚当一个任务：给万事万物分类并且命名。

黄健辉：自此，"二元"世界开始展现。亚当根据疆界、根据界限开始分类、下定义，比如说：

定义：天、地。

定义：蛇、狗、鸡、猪，这些称为动物。

定义：葡萄、香蕉、橘子、苹果，这些称为水果。

定义：人性，打、杀、偷、骗、虚伪、狡诈，这些称为人的恶；勤劳、真诚、付出、爱、慈悲、怜悯，这些称为人的善。

问：人性，用哪些分类方法，可以显示出广度、深度和高度呢？

黄健辉：你是否记得第一章中我们提到全子的概念？

问：当然记得，全子＝万事万物，明白了全子的道理，也就相当于明白了万事万物的道理。

黄健辉：太棒了！全子＝万事万物，人，是不是也是一个全子？因此，人也会遵循全子的规律。

首先是关于人的系统观念：人，既是一个整体，同时也是更大整体的一个部分，每个人都隶属于家庭、家族、公司、单位、社会等各种系统，系统影响并决定一个人的成长和发展，反过来，个人也会影响系统的发展和变化。

因此，一个人既有成为整体的属性，也有成为部分的属性。

整体性相当于独立性、自治性、自主性、个性，上升为意识形态，整体性对应个人主义。

部分性相当于共享性、适合性、适应性、共性，与其他的全子、其他的部分相配合、协调，上升为意识形态，部分性对应集体主义。

问：社会文化其实应该既提倡个人主义，也提倡集体主义，两者都需要，缺一不可。

极端的个人主义，或是极端的集体主义，都是只强调全子一个方面的属性。

黄健辉：是的。在中国，曾经一度只提倡集体主义，提倡个人为了国家、社会，在平凡的岗位上工作一辈子，甚至是做出牺牲。

问：哪怕在当代，个人这方面的属性也没有得到充分认可和解放。

黄健辉：关于全子的整体性／部分性，我有一个天才发现。

问：哦？

黄健辉：美国的政党状况正是符合了全子的这两个属性，这也从社会、政治、文化层面验证了肯·威尔伯的天才发现！

问：肯·威尔伯确实是思想上的巨人，他的学问不只影响心理学、心灵成长、哲学、宗教，也必将在全世界范围内，影响到文化、艺术、政治、社会、国家。

黄健辉：虽然美国是一个多党制国家，但是两百多年来，只有两个政党在轮流执政。

问：这可以类比于全子拥有两个重要属性：整体性和部分性。

肯·威尔伯说，他的整个哲学思想，就是描述一部"全子既是一个整体同时也是更大整体的一个部分"的历史。

黄健辉：美国的两个政党分别是民主党与共和党。

民主，最基本的一个含义是尊重人作为一个整体（自主性、自治性、自我决定），应该拥有的权利。

其次，各个整体，各个人之间的关系，应该是平等的。

虽说政治是善变的、功利的，但是我们发现，美国这两大政党，在许多方面，都尊崇着其建立之初所信仰的那些最基本的理念。

问：民主党比较偏向于强调人作为一个整体，应该拥有的权利。

黄健辉：我们看到，在许多事务中，比较提倡个人权利、保护少数族裔权利的，是民主党。

问：是的。推动同性恋合法化的，是民主党人。

黄健辉：民主党给人的感觉是追求个性、奔放，强调权利。

问：你看民主党总统克林顿，退休之后去当演员，发展他许多的个人兴趣和爱好。

黄健辉：共和，最基本的一个含义是人不只是一个整体，同时人还隶属于许许多多系统，人是其他更大整体的一个部分，因此，他需要与其他人、其他系统和谐相处，达到共赢。

问：共和党更偏向于强调人作为一个部分的属性，人作为系统、社会中的一分子，他应该履行的责任。

黄健辉：共和党强调回归家庭，老布什和小布什总统退休后，都是回到老家得州，过比较平静的生活。

问：美国的两个政党，一个强调全子的整体性，一个强调全子的部分性，美国人就在这两种属性的互动与平衡中，推动社会文化、经济建设和国家制度的发展。

黄健辉：是的。当奥巴马作为总统的时候，他强调人作为社会、国家当中的一分子，应该适应社会、国家的需要，配合政府，放弃他的一些权利。

可是斯诺登不同意，他认为，国家、政府侵犯了个人的权利，每个人作为一个整体，可以拥有他的隐私，拥有不受政府打扰的权利，政府、联邦调查局的做法违反了宪法赋予人民的权利。

问：又是在整体性与部分性之间斗争与平衡？

黄健辉：是的。我们还会看到，美国人没有走极端，没有一边倒支持政府，也没有封杀斯诺登，甚至允许人们称斯诺登为英雄。

问：政府强调人的部分性和配合性，斯诺登强调人的整体性和权利。

黄健辉：两个方面属性的发挥都会导向社会、国家的繁荣和富强！

问：他们都是爱国的。

黄健辉：并且他们都可以坚持自己的同时，包容对方！

问：这就是美国这个国家伟大的地方。

黄健辉：一部美国发展史，可以概括为争取个人权利和履行社会责任的历史。

在肯·威尔伯看来，这不过是"全子既是一个整体同时也是更大整体的一个部分"的历史当中的一卷而已。

问：是的。圣人可以通过纷繁复杂、千变万化的现象看到本质，通过"多"看到背后的"一"。

（二）不同层次的特性与需求

问：上一小节讲人作为全子的属性，关于人性，还有哪些分类方法？

黄健辉：本书第二章，讲到人可以大致分为四个层次：身体的、情绪的、理性的和灵性的。

进行了分类和分层次，你就可以按照类别进行归纳，总结出各个层次的规律、性质和特征。

人性规律

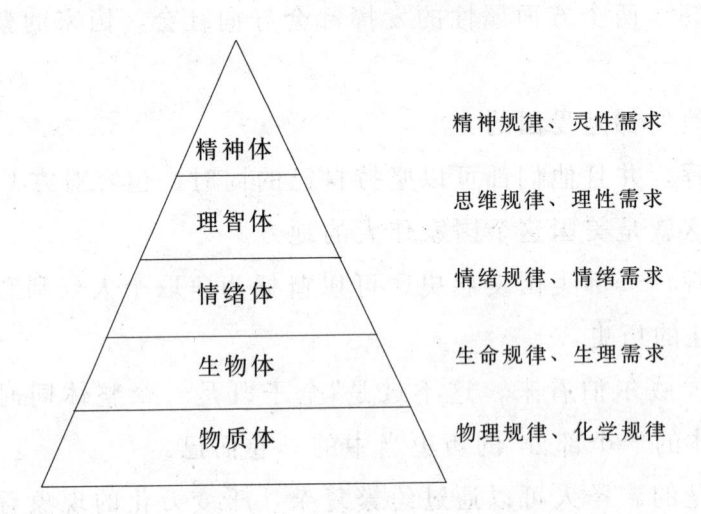

```
        /\
       /精\         精神规律、灵性需求
      /神体\
     /------\
    / 理智体 \      思维规律、理性需求
   /----------\
  /  情绪体    \    情绪规律、情绪需求
 /--------------\
/   生物体       \  生命规律、生理需求
------------------
/    物质体       \ 物理规律、化学规律
--------------------
```

问：每个层次都有它的规律、性质和特征？

黄健辉：是的。

比如，当把人看作物质体，这时人遵循的规律是：

质量守恒定律：在化学反应中，参加反应前各物质的质量总和等于反应后生成的各物质的质量总和。

万有引力定律：任意两个质点通过连心线方向上的力相互吸引。引力的大小与质量的乘积成正比，与距离的平方成反比，公式表示：$F=G*M1M2/(R*R)$。

惯性定律：一切物体在没有受到外力作用时，总保持匀速直线运动状态或静止状态。

从惯性定律我们引申出人性的一个重要方面：如果没有新的动力、吸引力，人们的行为和思想将维持不变。

刘一秒说：企业的问题其实就是解决人的动力和阻力的问题。

因此，如果我们要改变一个人的行为，就一定要学会如何增加他做事情的动力，去除阻止他行动的阻力。

问：通常什么事情可以增加一个人的动力？

黄健辉：梦想、利益，达成他想要的目标、被肯定、升职等，都会增加一个人的内在动力。

当把人看作生命体，这时人遵循的规律是：

生物体

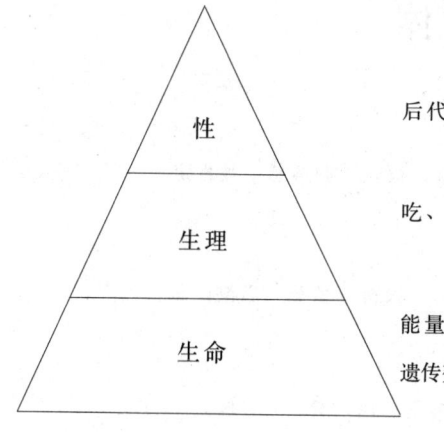

性	后代繁殖、能量释放
生理	吃、穿、用
生命	能量交换、新陈代谢、自我繁殖、遗传变异、对刺激产生的反应、自我调节

1. 能够繁殖。
2. 自我复制。
3. 有生长发育的功能。
4. 能够进行新陈代谢。
5. 具有遗传变异的特征。
6. 可以对刺激产生反应。
7. 具有自我调节的功能。

● 任何生命体，维持生存往往都是其第一目标。

● 人，在生存受到威胁时，可以不顾一切，甚至会不择手段。

- 其次是进行物种繁殖，性，作为繁殖后代的功能，被放在人类需求的最基本层面，无论什么时代，人们都有繁殖后代、抚养后代的需求。
- 当人的以上需求得到满足时，就有可能成为他前进与行动的动力。
- 这都是人性。

当把人看作情绪体，这时人遵循的规律是：

情绪体

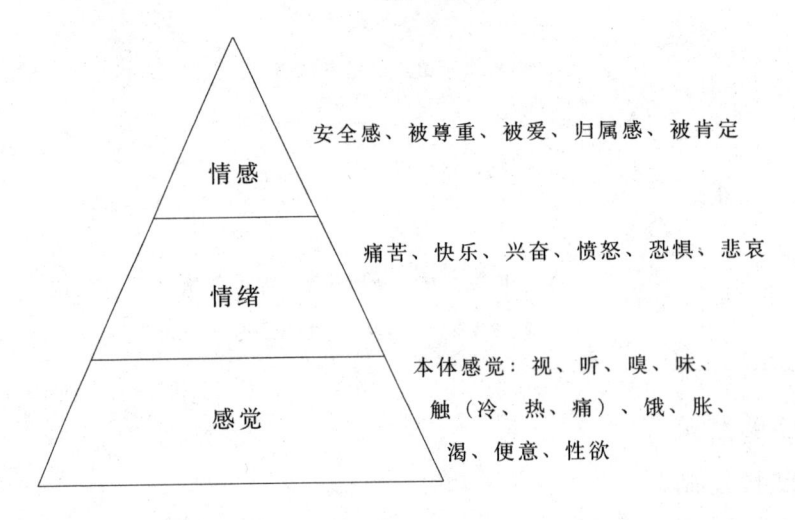

```
           情感        安全感、被尊重、被爱、归属感、被肯定

         情绪          痛苦、快乐、兴奋、愤怒、恐惧、悲哀

      感觉             本体感觉：视、听、嗅、味、
                       触（冷、热、痛）、饿、胀、
                       渴、便意、性欲
```

1. 追求快乐，逃避痛苦。

2. 喜欢开心、舒服、平和、安全、快乐、喜悦、满足这类感觉。

3. 喜欢体验感觉、情绪的丰富性，包括对恐惧、刺激、惊吓等情绪的体验。

4. 有极端情绪体验的需求，包括高潮、被虐待、高峰体验、危险体验等。

5. 安全感、被尊重、被爱、归属感、被肯定。

● 导师在讲推广课程时，就会带领学员通过视觉、听觉、感觉去体验报名后续的课程，你会得到多少极致的快乐，如果不报名学习，那么你就有可能要体验哪些可怕的痛苦。

● 任何商家，任何快速销售的活动，都会通过让客户体验到购买产品后的快乐，与不购买可能会造成的痛苦来快速做决定。

● 电影、电视剧，是通过各种剧情，让观众体验到各种各样的情绪，比如，恐怖片、虐恋片、剧情片、动作片等。

● 安全感、被尊重、被爱、归属感、被肯定，这也体现在人际关系中的任何领域，比如，两性关系、亲子关系、职场关系、社会关系等方面。

当把人看作理智体，这时人遵循的规律是：

理智体

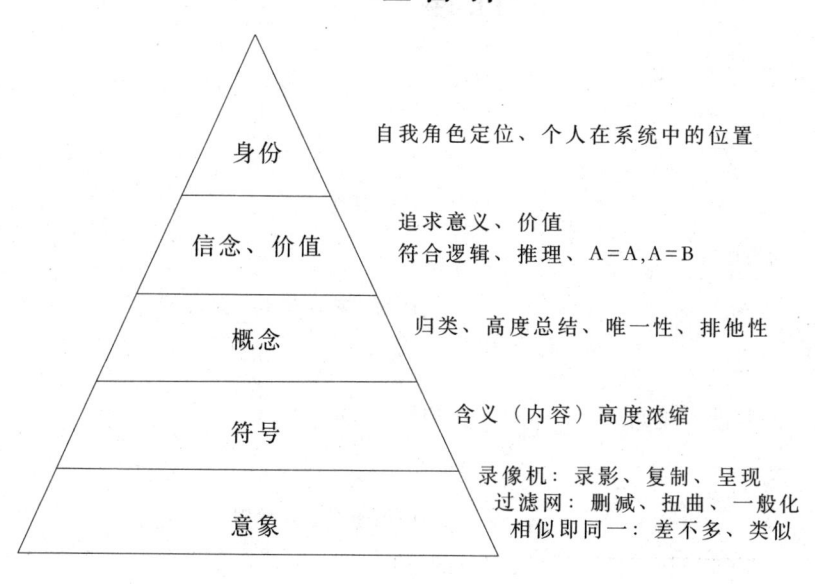

身份	自我角色定位、个人在系统中的位置
信念、价值	追求意义、价值 符合逻辑、推理、A＝A，A＝B
概念	归类、高度总结、唯一性、排他性
符号	含义（内容）高度浓缩
意象	录像机：录影、复制、呈现 过滤网：删减、扭曲、一般化 相似即同一：差不多、类似

1. 正确性：当你教会一个小孩，桌子上可以吃的一个东西叫"苹果"，如果下次你把这个东西说成是"雪梨"，他就会纠正："你说得不对。"

2. 逻辑性：当你听到有一个声音问："3加3等于多少？"你头脑里会自动得出答案："等于6。"

3. 意义和价值感：人们做每一个事情，都会追求价值感，要求有意义。

4. 追求公平、平等：希望人格平等、机会均等。

5. 追求自由：不受约束，享受自由。

6. "广深高速"：广度（了解的面、事物更多、更广）、深度（了解透彻、深入、仔细）、高度（格局更大、见解更高、智慧更多、有效性更大）。

当把人看作灵性体，这时人遵循的规律是：

灵性体

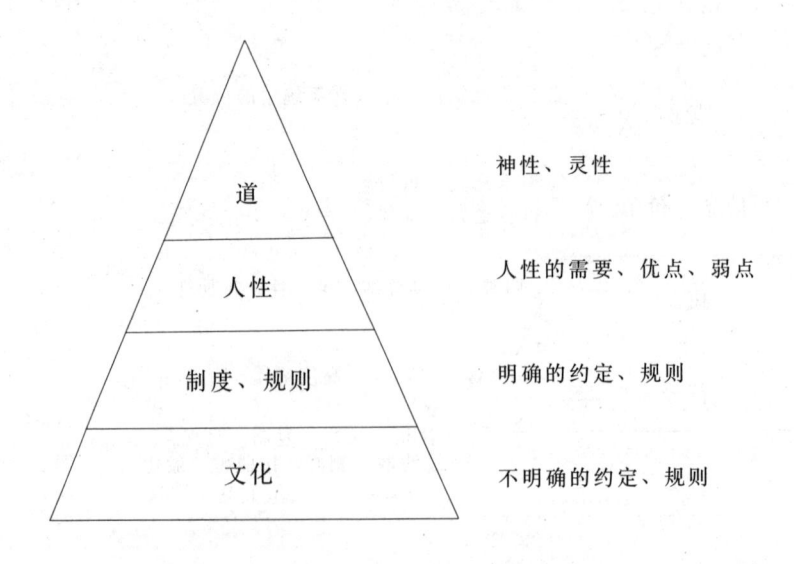

道	神性、灵性
人性	人性的需要、优点、弱点
制度、规则	明确的约定、规则
文化	不明确的约定、规则

1. 真实、自然、真诚。

2. 内外合一，各个层次的合一，与万事万物合一，与宇宙合一。

3. 与时间合一，获得永恒价值，无我，感受一味、一体意识。

问：人的不同层次，有不同的需求。

黄健辉：是的。一个三岁的小孩，有情绪的需求，他想要开心、快乐，容易被神秘的东西吸引。但三岁的小孩不会有意义和成就感的需求，也不会去理会公平与平等，因为他的意识还没有发展到这个阶段。

问：无论是政治、经济、商业、团队管理，还是人际关系、夫妻关系、亲子关系、两性关系等领域，只要与人有关，人性的每一个层面、每个特征，都会呈现出来。

黄健辉：是的。事情和趋势总是往符合人性的方向发展，无论你觉得它是好的抑或是坏的。

问：要么是促进了人性光明面的发展，要么是助长了人性中黑暗面的发展。

黄健辉：无论是政治、经济、商业、团队管理，还是人际关系、夫妻关系、亲子关系、两性关系等领域，我们在建立制度、设立规则和提倡文化的时候，都应该遵循：让人性光明的一面、善良的一面、智慧的一面最大限度地发挥，而让人性中的黑暗、邪恶和愚蠢可以最大限度地减少。

问：这就是道？

黄健辉：我认为是这样。

（三）人性的其他方面

问：人性除了研究人的需求，还有哪些方面是人们比较关注的？

黄健辉：大概有以下几个方面：此岸与彼岸，左手与右手；善与恶；真诚与虚伪；智慧和愚蠢，灵活与固执。

此岸与彼岸，左手与右手

问：有的人偏向左手，有的人偏向右手？

黄健辉：左边代表内在，右边代表外在，偏向于内在的人称为走左手道路，偏向于外在的人称为走右手道路。

问：左手道路注重感觉，要求舒服、快乐，喜欢交流情感，表达情绪，希望被接纳和认可，追求意义、价值，追问为什么。

右手道路注重行为、行动力，注重实际的收益，要求有成果，有证据，往往关注实实在在、看得见、听得到、摸得着的物质部分的价值。

黄健辉：每个人的生活、工作、事业和人生，都是在左手与右手之间平衡。

两个人的关系，就是他们的内在与外在相互沟通、交流、互动与平衡的过程。

问：左手道路的优点是比较注重沟通、交流，以及情感上的连接，注重意义和价值，人们会称为关系型的人。

缺点是可能缺乏行动力，在公司经营中不注重经济效益，缺乏对工具、技术、制度的敏感和理解。

黄健辉：右手道路的人正好与之相反。

问：此岸与彼岸，对应左手道路与右手道路？

黄健辉：此岸通常指注重物质、身体、欲望、行为、快乐和快感这一面。

彼岸是指注重精神、意义、价值、信仰以及永恒的一面。

自从有人类以来，人们就在这两种世界——此岸与彼岸——之间进行选择、挣扎、平衡和斗争。

在西方中世纪上千年的时间里，彼岸世界一度统治着人类的思想，人们认为人生的唯一意义是追随信仰的神、上帝，与它合一，获得永生。

身体、欲望都是邪恶的，是阻止人们通向彼岸世界的最大障碍。

问：启蒙运动之后，现代人挣脱了彼岸世界的束缚，不再追求永恒的上帝，而是追求及时放纵和行乐，一味拥抱此岸世界。

人们不再谈信仰和修行，而是关心目标、业绩、收入和欲望的满足。

尼采说：上帝死了。

黄健辉：两个方面，走向极端，都会造成分裂、拉扯和矛盾。

善与恶

问：善与恶如何区分？

黄健辉：首先讲一下善与恶的起源。

所有的概念和分类，都是人为划定的，人们根据感觉（视觉、听觉、触觉、嗅觉、味觉）在事物与事物之间"画下一条线"，其实"这条线"仅仅只是在大脑里存在，这是一条虚构的线，它只是地图，不是实际的疆域。

人们画这条线，是为了对事物有更加精准和仔细的把握，以便满足需求。

当画下这条线后，人们往往不记得，这只是一条虚构的线，而把它当作真实存在，一切烦恼、痛苦、对抗和纷争都随着这条画下的线而引发。

问：你可以举个例子吗？

黄健辉：比如，一个女孩和一个男人恋爱，她满心欢喜，心满意足，只要跟这个男人在一起，她就无比满足和喜悦，她觉得为这个男人去死都心甘情愿。

可是有朝一日，听到朋友说这个男人是有家庭、已经结婚的人，她的心一下子就冷了！从此，无论这个男人为她做什么，她都无法开心、快乐。

她觉得自己是小三，她无法忍受这个身份；她觉得与一个已婚的男人恋爱，是不道德的；她认为进行婚外恋的男人，不是好男人。

问：根据对方是已婚还是未婚，从而在自己的身份定位上画了一条线，界定自己是小三还是单纯恋人；根据对方是否和另外一个女人住在一起，或是否与另一个女人领了结婚证，给对方画了一条线，界定他是已婚还是未婚，从而界定他是一个好男人还是坏男人，甚至界定他对自己的爱是真心的还是虚伪的。

也许这个女孩会由爱转恨；也许她会全盘否定与这个男人所有快乐的时光；也许她从此对爱情心灰意冷。

黄健辉：人们发明了"画线"的方法，但同时也被这条线重重地伤着了！

我们用NLP的"时空转换"方法，你就能够明白，人类生活中绝大部分的烦恼和痛苦，都是"自作自受"。

如果时光倒流，回到封建社会，就不会有"小三的苦恼"。

又比如，在云南西北部摩梭人的居住区，他们的婚姻采取"走婚"的形式和制度，男不娶，女不嫁，男女在一起完全出于自愿，每个人都可以有多个伴侣，何来婚外恋的讨伐？

问：人性的善与恶，其实也是人们根据感觉、依据某些标准，而画下的一条线，在线的这边，称为善，在线的另外一边，称为恶？

黄健辉：在动物界，从来不会认为，这头猪比较善良，而另一头猪比较邪恶。

问：但是在人类中，人们对几乎所有的人、事、物都进行了区分，认为这是善的，那是恶的，这是善良的人，那是邪恶的人。

善与恶的一般标准是什么？人们依据什么画这条线？

黄健辉：最普遍的标准，人们把符合宇宙大精神（道）运行方向的，称为善。

问：如何判断是否符合道的运行方向？

黄健辉：让自己与道在一起。

问：怎样与道在一起？

黄健辉：首先，你要理解道的四个象限。

理解四个象限相互影响、相互促进以及相互制约的关系。

其次，理解各个象限中发展与进化的先后顺序、高级与低级的关系。

然后结合生活经验、工作体验，向内觉察、内省、打坐、冥想。

让自我内外合一、言行合一，过去、现在、未来合一，全子的四个象限、每个层次都合一，与家庭、社会、民族、国家、全球以至宇宙万事万物合一，最终体验与道合一。

问：当人们还无法从修行中体验与道在一起时，通过什么判断是善还是恶？

黄健辉：看它是否符合全子的规律，比如说，既尊重全子的整体性，也尊重全子的部分性。

其次，看它是否符合人性的需求。

问：你可以举个例子吗？

黄健辉：上世纪70年代，伟大的毛主席逝世后，当时的中国有两个选择：一是继续走毛主席倡导的以阶级斗争为纲的"文化大革命"路线，一是走邓小平设计的改革开放路线。

问：每一个关键时刻，都是面临选择的时刻，选择需要智慧，什么是善？什么是恶？什么是不善不恶？

黄健辉：中国30年的发展证明，改革开放路线，是对中国人民的善行。

因为它充分满足了中国人民四个象限的需求：

第一象限：财富多起来；身体更加健康、美丽、长寿；行为更加高效；能力、知识、科学、技术得到大力发展；语言更加文明、高效。

第二象限：有更多的情绪体验、情感体验，自由度更大，包容心更强，更具理性，格局更大、境界更高。

第三象限：人际关系更符合安全、尊重、被接纳、被爱、被肯定的原则，人与人之间的关系更和谐，文化更加包容、繁华。

第四象限：科学技术快速发展，制度更有效、更符合人性。

真诚与虚伪

问：什么是真诚？

黄健辉：通常认为，实话实说，内外一致，是真诚。

不过，在特殊情况下，如果一个人做的事情、说的话，不符合实情，只要是符合"道"的，也认为他是真诚的、善意的。

问：你可以举个例子吗？

黄健辉：比如，医生对病人的"撒谎"、催眠师对来访者的"暗示"等。

问：什么是虚伪？

黄健辉：故意歪曲事实，言行不一，动机不良，为了自己的利益，有意引导他人往错误方向的，称为虚伪。

问：虚伪会抹杀人们对生活、人生的真实体验，扭曲人性。

智慧和愚蠢，灵活与固执

黄健辉：智慧是按照道的规律去办事，智慧是能够准确地区分各个事情的价值，在做选择与决定的时候，能够舍小取大，把握事情发展的最大效益、可持续性和整体平衡性。

问：智慧是能够多角度思维和体验，愚蠢则与之相反。

黄健辉：灵活是能够快速跳出原来的思想框架，进行多角度思维，从而做出重新选择与决定，有效地改变行为，得到想要的结果。

问：灵活包括哪些层面？

黄健辉：从理解层次谈灵活，可以包括环境层面的灵活，行为层面的灵活，能力层面的灵活，信念、价值观层面的灵活，身份层面的灵活，以及信仰、精神层面的灵活。

从组织理解层次来谈灵活，包括对文化选择与倡导的灵活，对制度、策略的灵活。

从四个象限来谈灵活，还包括对世界观、技术、工具的灵活。

问：一句话，可以快速从四个象限中转换思维，从每个层次、每条线、每个点上进行思维和转换。

黄健辉：是的。这就是自由，让四个象限、每个层次、每个点都符合道，都自由。

道

问：感谢你的心灵、你的灵性，一直跟随着你，走到这里，这真像是一趟心灵的旅程，我们全方位沟通、交流和互动，几乎触及宇宙、人生中的方方面面，既是那么宏伟，又是那样细腻。

让我们的思绪回到本书的开篇，回顾和总结一下：什么是道？

黄健辉：道可以分为三个层面：

第一个层面：指万事万物的本源，最初的那个开始，宇宙的开端。

老子称它为道，佛家称它为空，基督徒称它为上帝，肯·威尔伯称它为宇宙大精神。

第二个层面：道是指各个象限、各个层次、各个点中的规律，比如，人性的规律、制度的规律、文化的规律、身份定位的规律、信念的规律、价值观的规律、能力的规律、行为的规律、物质的规律等。

或者说是各个层面的性质和特征。

第三个层面：道是指方向、趋势，似乎是假设宇宙、人类、万事万物有一个终极的点，这个点称为道。

问：可以讲得更详细一点吗？

黄健辉：比如，人们说，人生就是修行，修行什么呢？

修行极度的自由！极度的善！极致的美！极致的真！

也就是追随那个符合方向的制高点。

问：哈哈，我明白了，通常人们也称它为"开悟"！

黄健辉：是的，是的！恭喜你开悟了！大彻大悟！

肯·威尔伯的四象限

第五篇

  我第一次阅读肯·威尔伯的著作的时候，仿佛有一种整个内在被它点亮的感觉！肯·威尔伯的四象限理论含广度、深度和高度于一体，立论严谨、推理严密，无所不包、无所不含，又一无所漏。既具有宏观、整体性的展现，又兼顾微观、局部性的描述。

真实的大我不是一个东西，而是体认到一份透明的开放感，或不再认同任何的客体或事件，束缚其实就是目睹者对可见事物的错误认同，只要把这种错误的认同逆转过来，便可以轻易地获得自由。

——肯·威尔伯

四象限的内容

（一）

问：肯·威尔伯的四象限理论是最圆满的真理诠释地图？

黄健辉：古今中外，哲人通过自己的观察、思考，总结出一系列理论，反映生活、解释现象、预测未来。例如，弗洛伊德通过潜意识、力比多解析人的行为，马克思通过劳动异化、资本剥削诠释社会状况，基督教通过引导信仰上帝让人们获得解脱。

每一种学说都能帮助人们更好地理解自身、理解社会，甚至是获得一种终极的人生意义。

每一种学说只要能够留下来，都有它的伟大之处，以及对社会的贡献。

随着时代的发展，人们会逐渐发现各个学说的局限，慢慢会感觉不够完美、不够深入、不够全面、不够高度，逻辑不严谨，或是不准确。

问：尤其是在人文学科领域，更是属于普遍现象。

黄健辉：我第一次阅读肯·威尔伯的著作的时候，仿佛有一种整个内在被它点亮的感觉！肯·威尔伯的四象限理论含广度、深度和高度于一体，立论严谨、推理严密，无所不包、无所不含，又一无所漏。既具有宏观、整体性的展现，又兼顾微观、局部性的描述。

古人看到心仪的美人，形容之：增之一分则太长，减之一分则太短；著粉则太白，施朱则太赤；眉如翠羽，肌如白雪；腰如束素，齿如含贝。肯·威尔伯的四象限理论给我的感觉，仿佛如此。

问：怪不得你说是最圆满的真理诠释地图。

黄健辉：是的。

问：你可以说一下四象限的具体内容吗？

黄健辉：在纸上画两条垂直交叉的直线，如图示：

肯·威尔伯的四象限理论

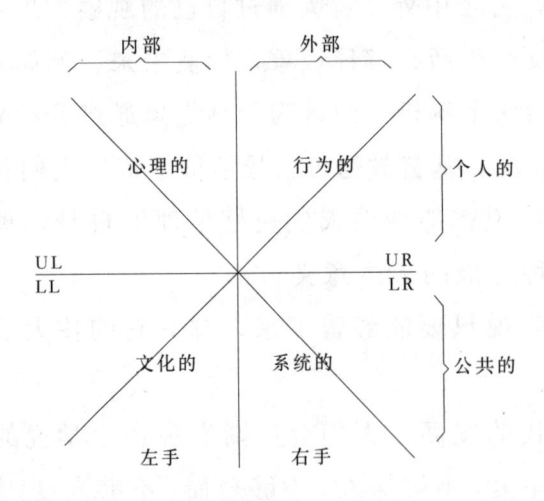

```
         内部        外部
          
         心理的    行为的      个人的
       
      UL                UR
      LL                LR
       
         文化的    系统的      公共的
       
         左手      右手
```

直线上面代表个人，下面代表集体，左边代表内在，右边代表外在。

问：上面代表个人，下面代表集体，左边代表内在，右边代表外在。

黄健辉：是的。

问：第一象限代表个人的外在，第二象限代表个人的内在？第三象限代表集体的内在，第四象限代表集体的外在？

黄健辉：是的。

问：这倒容易理解！结构简单明了、内涵清晰可见！那么各个象限具体的内容呢？比如，第一象限，个人的外在，包括哪些？

黄健辉：个人的外在，包括：

1. 身外之物的延伸：头衔、身份、名誉、地位等。

2. 身外之物：山水湖泊、大地，国家、地区、城市等，即通常说的大环境。

3. 财富、资产：金钱、房子、车子、物资等，个人环境层次。

4. 身体：身高、体重、外貌、精力、健康程度等。

5. 行为：做什么、不做什么，速度、数量、效益。

6. 语言：说什么话，正面？负面？准确性？有效性？优美程度？

7. 能力：专业？技术？经验？

第一象限

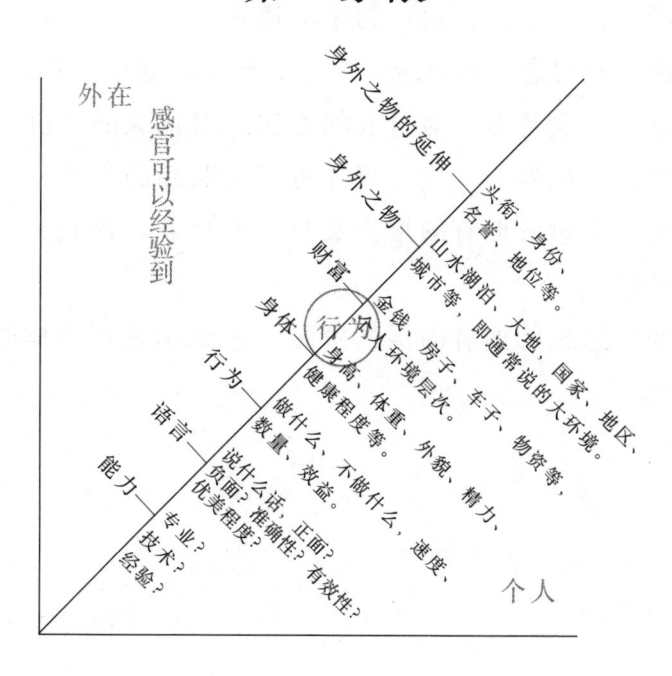

问：个人的外在包括这些内容，确实很全面，你还可以按照自己的需求在某一个层次上进行更细致的分类和更深入的描述。

第二象限呢，又包括哪些内容？

黄健辉：第二象限代表个人的内在。

我们把能量看作个人内在的最基本单元，"冲动"是能量的最初层级。

1. 能量：冲动、性冲动、性能量、能量；

感觉：本体感觉、知觉。

2. 情绪：喜、怒、哀、惧、委屈、伤心、感恩等；

情感：安全感、被尊重、被爱、归属感、被肯定。

3. 意象：表象系统（视觉、听觉、感觉）、符号、表征，经历和体验。

4. 概念：文字、词语、句子、语言。

5. 信念：信念、价值观、规条、想法、看法、观点、评价。

6. 身份：我是谁？对自我的看法、对他人的评价。

7. 格局、境界：广度：思想可以关照到的范围；

深度：思想所拥有的层次数量，对自我、潜意识、集体潜意识的理解；

高度：思想所拥有的层次数量，意识水平可以体验到的高度、层次。

第二象限

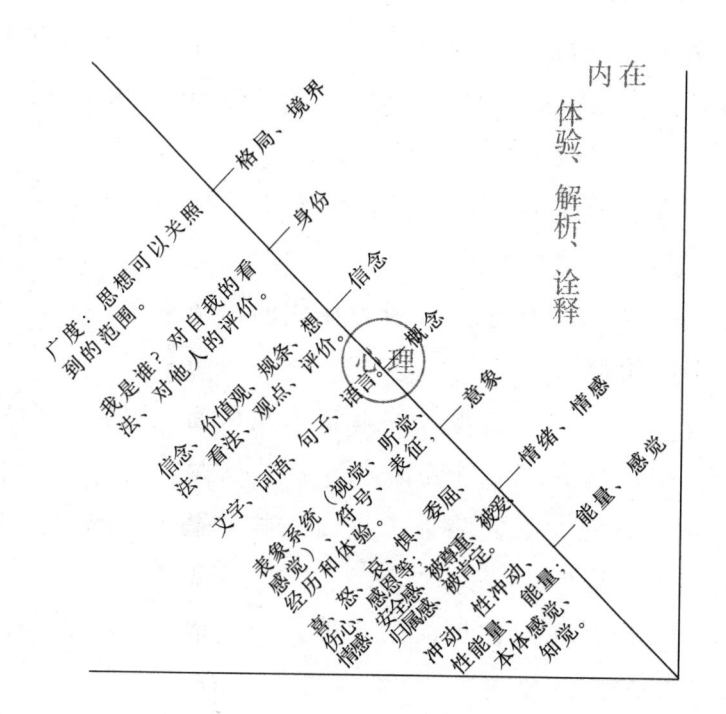

（图示：第二象限坐标图）

内在
体验、解析、诠释

格局、境界
身份
信念
概念
心理
意象
情绪、情感
能量、感觉

广度：思想可以关照到的范围。
我是谁？对自我的看法、对他人的评价。
信念、价值观、规条、想法、看法、观点、评价。
文字、词语、句子、语言。
表象系统（视觉、听觉、感觉）：符号、表征、经历和体验。
喜、怒、哀、惧、伤心、感恩等：安全感、归属感、情感、被尊重、被肯定、委屈。
冲动、性冲动、能量、性能量、本体感觉、知觉。

问：研究一个人，既要看他的外在，也要了解他的内在？

黄健辉：是的。世人都是容易看到外在，关注外在，而看不到内在，或是忽略了内在的部分。

问：你可以举个例子吗？

黄健辉：比如，在两性关系、婚姻当中，以女性选择伴侣的要求来看：

1.身外之物的延伸：有的女人因为他名片上印着作家、部长、总经理、商会会长，则对他以身相许，嫁给他。

这类女人是看中对方的头衔、身份、名誉和地位，我把这些称为身外之物的延伸。

这类女人的思想关注点在社会的舆论、他人的眼光和评价。

这类女人"自主性"比较低，自我价值比较少。

2. 生活的大环境：有的女人立志要嫁到城市，要嫁到某个地区、国家，或是嫁给拥有这个地区、国家户口的男人，比如，香港、加拿大、美国、欧洲的男人。

这类女人是看中这个地区、国家能带给她的基本好处，她的关注点在某类型的生活方式。

3. 财富、资产：有的女人因为他住的房子豪华、开的车有档次，所以嫁给他。

这类女人，关注点在男人的财富，她认为，财富、物质是决定一个人生命品质的最重要因素。

4. 身体：有的女人因为他长得高、帅、魁梧，或者是有某一个特征，而嫁给他。

这类女人，关注点在男人的身体，她认为，身体、相貌是决定生命品质的最重要因素。

或者也可以这样说，在她当下的阶段，身体的需求对她是最强烈的。

5. 行为：有的女人，因为看到他做的事情很漂亮，比如篮球打得很好，跳舞的动作、姿势很优美，会弹吉他等，或者是在工作中干脆利落、效率很高，而嫁给他。

这类女人，是因为受对方的行为吸引。

6. 语言：有的女人，因为听他说的话，声音很好听，很入耳、入心，而喜欢他、嫁给他。

7. 能力（专业、技术、经验）：有的女人，因为看到他拥有某一项本领，比如，会做衣服、会给人看病、会经商，拥有博士学位，而嫁给他。

问：外在的部分因为看得见、听得到、摸得着，人们往往觉得这是比较实在可靠、可以验证的。

黄健辉：同时它们也是最容易刺激感官的。

问：有没有一些人选择伴侣是比较注重内在，也就是比较注重第二象限的内容的呢？

黄健辉：当然有。

1. 能量：有的女人，是被对方的能量、气场吸引，有的是因为对方的性能量可以满足自己的需求。

2. 情绪：有的是被感觉吸引，因为跟他在一起感觉很快乐、放松；自己的情绪被对方接受，一些小脾气被允许；有的是因为跟他在一起很有安全感，有被尊重、被爱的感觉，能得到肯定。

3. 意象：有的是因为有一段不同寻常的经历和体验。

4. 概念：有的是因为有很多共同的话题、语言。

5. 信念：有的是因为对人生、生活、工作拥有共同的信念和价值观。

6. 身份：有的是因为被他的自信和积极乐观的心态吸引。

7. 格局、境界：有的是因为被他的格局、境界吸引，折服于他思想的广度、深度和高度。

（二）

问：既有人注重外在的部分，也有人注重内在的部分。

黄健辉：是的。也可以说，任何一个外在的点，都会对应一个内在的点。

问：也就是说，第一象限的内容，同时也会对应第二象限的内容。你可以举个例子吗？

黄健辉：比如说，第一象限中的"财富"，它会对应第二象限中关于财富的"信念、价值观"，以及关于财富的"感觉、情绪"，同时它还会对应关于财富的"身份"——是财富的主人，还是财富的奴隶？

同时，第一象限中的财富也会对应其他的层次，比如，关于财富的"行为"——如何获得财富？

关于财富的"语言"——说什么样的话，可以吸引到财富？

关于财富的"能力"——拥有什么样的专业、技术和经验，可以更容易获得财富？

问：第一象限和第二象限是有联系的？

黄健辉：是的。

问：并且单个象限中的每一个层次，也都是有联系的？

黄健辉：是的。你真是聪明！各个层次互相关联，各个象限相互对应和影响。

（三）

问：四象限理论感觉是越来越有意思了！

黄健辉：肯·威尔伯的思想就像一坛陈年老酒，是越品越有味道。

问：第三象限呢，第三象限的内容是什么？

黄健辉：第三象限代表集体的内在，集体就是通常讲的系统、组织，与我们关系最密切的系统有哪些呢？

问：家庭、家族系统，公司、行业、社会、民族、国家、学校、医院等。

黄健辉：是的。每一个系统，也都会拥有它的外在和内在的部分。

问：第三象限，也就相当于系统的内在？

黄健辉：系统的内在，通常称为文化，比如说，社会文化、家庭文化、公司文化、国家意识形态等。

问：文化，给人的感觉是一个很庞大的东西。

黄健辉：其实文化也就是系统中大多数个体共同拥有、共同遵守的信念、价值观和规则，以及人们表现出来的共同行为、习惯，人与人之间的相互理解——肯·威尔伯称为主体之间共同享有的空间。

问：第三象限的内容是什么？

黄健辉：文化最主要体现在个体之间的关系、人与人的关系，比如说，亲子关系、两性关系、同事关系、朋友关系、社会关系。

1. 与自己的关系：外在与内在的关系、语言和行为的关系、行为和感觉的关系等。

2. 亲子关系：与父母的关系，与孩子的关系，和谐？亲密？疏离？排斥？

3. 两性关系：异性朋友、情人恋人、伴侣，和谐？亲密？疏离？排斥？

4. 同事关系：与上司、与同级、与下属的关系，和谐？正常？顺畅？疏离？

5. 朋友关系：战友、同学、闺密、死党，数量？容易发生的程度？质量？品质？

6. 社会关系：对其他人、事、物的评价，以及关心、爱憎程度。

7. 世界关系：对其他民族、地区、国家的影响力，以及关注、关心程度。

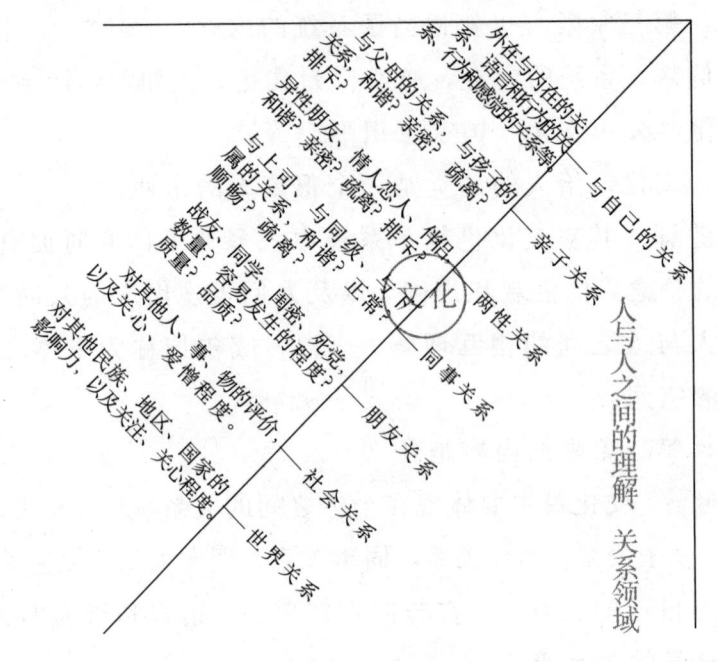

（图：人与人之间的理解 关系领域）

与自己的关系
亲子关系 — 与孩子的关系：亲密？疏离？
两性关系 — 与父母的关系：和谐？亲密？排斥？
          情人恋人：亲密？疏离？排斥？
          异性朋友：和谐？排斥？
同事关系 — 与上司、与同级、与下属的关系：和谐？正值？顺畅？较量？
朋友关系 — 同学、闺密、死党、爱情程度？容易发生的程度？品质？
社会关系 — 对其他人、事、物的评价，以及关心、爱惜程度。
世界关系 — 对其他民族、地区、国家的影响力，以及关注、关心程度。

外在与内在的关系
语言和行为的关系
行为和感觉的关系

文化

第三象限

问：第三象限和第一象限、第二象限也会关联，并且相互影响？

黄健辉：是的。

问：你可以举个例子吗？

黄健辉：以亲子教育为例，假设一个孩子名字叫刘星，10岁，他不想去学校了，上课无法注意听老师讲，考试成绩经常不及格，与同学相处总是容易打架，回到家就玩电子游戏，经常迟到、旷课。

遇到这样的孩子，通常爸爸妈妈、学校老师会如何处理呢？

问：有的父母抱怨孩子的成绩（结果）太差，有的父母抱怨孩子的行为（上课不注意听、打架、玩电子游戏）不够好。

然后给孩子作规定，或者指责他、骂他、打他。

黄健辉：是的。很多父母就是这样做的。

他们完全看不到孩子的内在，从来不去关注孩子内在的需求，比如说，安全感、归属感、希望被尊重、被爱和被肯定等。

如果孩子无法在学习中感受到快乐，如果他觉得学习是一件痛苦的事情，那么他怎么能够上课注意听、认真听呢？

如果他的情绪——愤怒、委屈、伤心、害怕——无法流动出来，而是压抑在心里，那一定会影响到其他的层面。

如果他在家里、在学校没有安全感，没有感受到被尊重、被爱、被肯定，那也势必会影响他的情绪、行为。

如果他对学习、对学校有一整套不喜欢的观念和想法，也会影响他的选择。

问：这些就是一个孩子内在的部分，内在会影响外在的行为和结果。

黄健辉：是的。所以说亲子教育，家长也要学会从内在引导孩子的心灵成长，而不只是一味地规定和约束孩子的行为。

问：有一些家长说，他们对孩子的内在和外在都有关心、引导，可孩子的行为、心理还是有很大的偏差，真是令家长头疼！

黄健辉：这就需要看第三象限的内容，第三象限也会影响第一象限、第二象限。

比如说：

1. 夫妻关系会影响孩子，如果父母之间总是吵架、打架，互相指责、抱怨，这会影响孩子内在的成长，可能让孩子没有安全感，有害怕、恐惧的情绪，并且情绪可能受到压抑。

父母离婚，会对孩子有重大的影响。

单亲家庭，也会对孩子有特别的影响。

2. 亲子关系：爸爸妈妈与他们父母的关系，有可能会复制到与孩子的关系中。

父母的情绪模式、思维模式，可能会复制到孩子的情绪和思维模式中。

父母与孩子的关系，会影响孩子内在心灵的成长，影响孩子的行为。

3. 师生关系：孩子与学校老师的关系，会影响孩子的心灵和行为。

4. 同学关系：孩子与其他同学的关系，会影响孩子的内在与行为。

5. 社会环境和文化：也会影响孩子的心灵和行为。

问：怪不得有的身心灵导师说，NLP是通过改变一个人的内在，改变他的信念、价值观，改变他的情绪模式，从而改变一个人的行为，然后得到不一样的结果。

萨提亚则是通过改变一个人的家庭模式、家族模式，改变家庭当中各个成员形成的关于家庭的"意象""感觉""信念"，以及关于家庭成员人际关系的应对模式，从而影响个人内在的改变，影响行为，然后得到不一样的结果。

黄健辉：是的。家庭系统排列真正发挥作用的部分，我觉得也是这样！而不是像很多导师宣称的，有一股神秘的力量，是灵性在个案身上发挥了影响力。

（四）

问：我终于明白你为什么说肯·尔伯的四象限兼具广度、深度和高度了，为什么说四象限理论是最圆满的真理诠释地图了！

你只解说了三个象限，已经让我有一种开悟的感觉！

以此类推，第四象限，想必也必定会与另外三个象限有深刻的关系，第四象限的影响是什么？

黄健辉：我们先看一下第四象限的内容，即系统的外在，通常包括地理位置，系统的结构，制度、规则，工具，生产力，利益相关性，生产关系等。

1. 地理位置：在什么地区、国家、环境？
2. 系统的结构：由哪些类型的人组成？
3. 制度、规则：遵循什么原则组成，大家约定的规则是什么，法律、法规是什么？
4. 工具：使用的最重要的工具是什么？
5. 生产力：最主要的技术是什么？
6. 利益相关性：薪酬制度、利益分配的原则是什么？
7. 生产关系：权力的制约关系、人与人的关系？

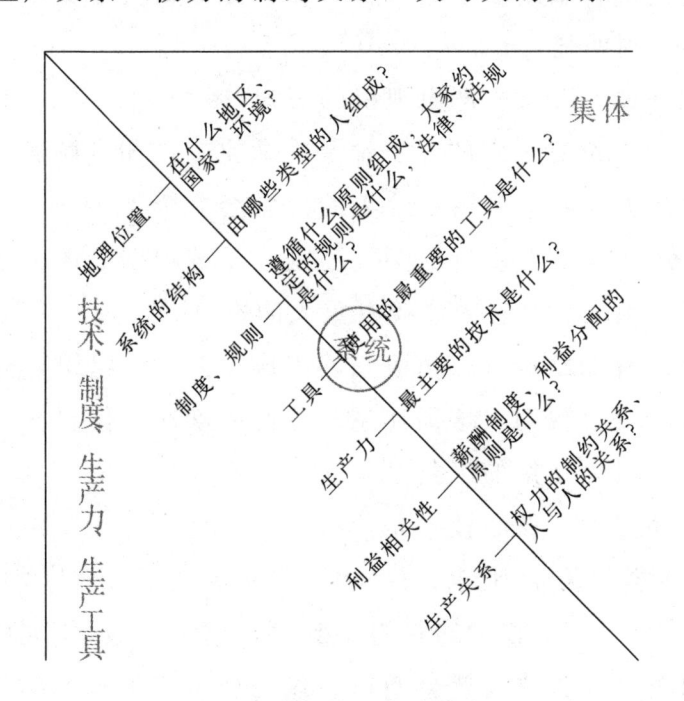

第四象限

问：你可以举例吗？

黄健辉：还是以前面的亲子教育为例，比如说，孩子不愿意去学校了，第四象限通常最主要考虑的内容是：

1. 地理位置：家庭的地理位置、家庭环境的影响，学校的地理位置、学校环境的影响。

2. 系统的结构：家庭由哪些人员组成？是否是单亲家庭？父母的文化？经济收入？

3. 制度、规则：家庭里是否有遵守、约定的规则？

4. 工具：孩子喜欢玩的东西是什么？

问：是的。这些部分都会影响孩子其他象限的发展。

黄健辉：如果以公司为例，第四象限对其他象限内容的影响就会特别明显。

比如说，一家生产电视机的公司：

1. 地理位置：它的注册地是在北京、广州、顺德，还是云南、内蒙古的一个乡镇，给人的感觉会完全不一样。一家肯德基快餐店，它是在步行街头，还是在学校周围，还是在五星级酒店旁边，也会对它的收益有重大的影响。

2. 系统的结构：公司股东的组成？公司的组织架构？

3. 制度、规则：培训体系？休假制度？工作制度？

4. 工具：使用的工具是什么？流水线的质量？

5. 生产力：核心技术是什么？

6. 利益相关性：股东利益分配的原则？员工薪酬制度的设计？

7. 生产关系：权力的制约关系，与上级、平级、下属的关系？

只要有经验的人就会明白，以上列出的每一个部分，都会对公司其他方面有重大的影响。

比如说，地理位置、环境，会有特定的文化内涵；

公司股东的组成会直接影响公司的高度、公司的文化，人们说，公司的文化，实际上就是老板的文化，公司的组织架构会影响各个部门之间的人际关系、工作关系；

公司是否有培训体系，会影响员工的提升速度，休假制度、工作制度是否完善，会影响公司的正常运作；

使用工具的先进程度，会影响工作的准确性和效率；

是否有核心技术，有时会代表着一个公司的核心竞争力；

利益如何分配，会关系到每一个人的意愿、用心程度和行为表现；

与上级、平级、下属的关系，会影响公司的工作关系、人际关系和工作效率。

问：怪不得你说肯·威尔伯的四象限是无所不包、无所不容，又一无所漏！

我已经无话可说了，你继续讲吧，我只管洗耳恭听。

黄健辉：肯·威尔伯说，假设全子＝万事万物，那么原子是全子；分子是全子；一支笔、一个桌子是全子；

细胞是全子；一棵小树苗是全子；一只小狗是全子；人是全子；家庭是全子；公司是全子；国家是全子；一个困难是全子；一个痛苦的情绪是全子；一次演唱会也是全子……

全子无所不包，无所不含！

得道、悟道、开悟，也就是明白宇宙、人生、万事万物的规律，不被它们束缚，而是可以顺"道"而行，获得自由，获得解脱！

既然全子＝万事万物，因此，明白了全子的道理，也就相当于明白了宇宙、人生、万事万物的道理！

那么全子的规律是什么呢？

肯·威尔伯说：全子最大的规律，就是既是整体，同时也是更大整体的一部分，全子是整体／部分，这体现在四个象限中，第一象限、第二象限与第三象限、第四象限的关系，个体与集体、个体与系统的关系。

全子都拥有四个象限，即任何一个全子，都拥有个体外在、个体内在、系统内在、系统外在。

这从根本上避开了哲学家争论了几千年的那个问题：究竟先有鸡，还是先有蛋？

究竟是唯物主义，还是唯心主义？

究竟是物质决定意识，还是意识决定物质？

究竟是心有多大胆、地有多大产，还是经济是基础、意识形态是上层建筑？

肯·威尔伯说：宇宙大精神拥有四个象限，宇宙大精神通过万事万物展开，呈现它自身！

哪怕150亿年前，宇宙大爆炸开始的那一刻，原子拥有它内在的部分，也有它外在的部分，原子拥有四个象限；

分子拥有它内在的部分，也有它外在的部分，分子拥有四个象限；

细胞拥有它内在的部分，也有它外在的部分，细胞拥有四个象限。

整个宇宙的历史，就是一部大精神演化、进化的历史。

整个宇宙的历史，就是全子的四个象限同时演化、进化的历史。

四象限说爱

（一）

问：现在家庭教育很盛行，许多父母有这方面的意识，也有条件，想把孩子培养成健康、优秀的人，在所有的人际关系中，亲子关系是最持久的关系，也是最优先的关系。

黄健辉：父爱和母爱是人们最先感受到的一份爱，也是最伟大的爱。

问：让我们首先明确一点，你认为爱是什么？

黄健辉：爱首先是一份连接，是一份关系。

其次，爱是一种积极正面的影响力，爱是一种支持。

再次，爱是双方相互的理解，是双方共同享有的空间。

问：在亲子关系中，显然已经具备了一份连接，一份特殊的关系。

孩子小的时候，是父母对他的关怀、爱护和支持，令他成长。

黄健辉：因为认知的局限性，许多父母对孩子爱的方式出现偏差，甚至是去了相反的方向。

问：可以具体说一下吗？

黄健辉：比如，有的父母，只关注孩子外在的部分，而完全忽略了其内在心灵的成长。

只关注孩子的饮食，是否吃得足够多、足够好；

只关注孩子穿的衣服，是否够暖和；

只关注孩子的行为，是否做了作业；

只关注孩子的结果，成绩考了多少分；

只关注孩子的语言，是否有礼貌，是否讲粗话；

只关注孩子的能力，是否有掌握各项技巧和本领；

甚至对孩子什么都不关注，只关注自己的事业，多赚点钱，以后全部留给孩子。

问：很多父母，在亲子关系中，不知不觉就形成一种模式，然后变成一种程序化的反应，一看到孩子，对他讲的话，就是重复昨天的问题！

黄健辉：很多父母看不到、看不懂孩子心灵的世界，或是无法给予孩子有效的引导。

比如说，忽略孩子的内心感觉，无法理解孩子的情绪。孩子愤怒了、委屈了、心灵受伤了，他们看不到、感受不到。

你连委屈是什么都不知道，如何能够理解孩子的情绪感受？你连孩子的内心感受是什么都不知道，谈什么把孩子的情绪引导出来，让它流动？你从来没有学习过如何引导情绪的技巧，以及转换情绪、补充能量的方法，又如何能够在困境、挫折当中让孩子学习和成长？

亲子教育，父母必须学会关于情绪的技巧！

问：是的。还要理解孩子内在情感的需求，包括安全感、归属感、被尊重、被爱和被肯定，这些都是一个人，尤其是孩子，必须要满足的情感需求。

黄健辉：父母还要懂得如何开发孩子的想象力、创造力，以及如何帮助孩子建立积极正面的心态，拥有优秀、卓越的信念、价值观及身份定位。

问：有一些孩子，也许在成长过程中，因为错误的教育方式，已经造成了行为的偏差和心灵的创伤，这样的情况应该怎么办呢？

黄健辉：父母需要成长为教练，成长为疗愈师、身心灵导师！

问：啊！对父母有这么高的要求！

黄健辉：不然你说还能怎么办呢？让孩子去做治疗和咨询吗？

与父母的力量相比，孩子的力量总是弱小的，尤其在孩子小的时候，这种对比愈是明显，因此可以说，父母是孩子最重要，也是影响孩子最大的"环境"。

当一个环境不健康的时候，也必然会造成生活在其中的孩子的不健康。

问：在亲子教育中，父母的爱，应该关注孩子的四个象限，每一个象限都重要，都不能忽略。每一个层次，都会影响其他的层次，每一个象限，也都会影响其他的象限。

黄健辉：当父母的爱是这样全面和深入，并且有方法、有技巧去带领和引导，相信必定能够给孩子最好的影响和最大支持。

（二）

问：想必在爱情、婚姻、两性关系当中，也是一样。

黄健辉：是的。爱，就要看到对方的四个象限，进入对方的四个象限，与他进行连接，发生关系，进入他的深度，理解他的高度，共享他的广度。

在各个象限、各个层次，与他互动，给他支持，并接受他的给予。

问：师傅，经你这么一说，细细想来，爱还真的就是这样！

你看，双方的头衔、身份、名誉、地位，这是共享的、互动的，人们介绍的时候，会说：这位是王石的太太，这位是范冰冰的男朋友，然后这样的太太、男朋友就会受到不一样的待遇，这就是在身份、名誉、地位这个层次上的互动。

黄健辉：如果在这个层面上无法互动，通常有一方就会觉得有所缺失，爱就不够完美！

问：怪不得王石都60岁了，还要冒风险，离了婚，然后再结婚。

黄健辉：在财富层面，双方的财产往往是互通的、共用的，所以在婚姻当中，房子、车子等不动产，都属于双方共同所有。

这是在财富层面的互动。

任何一个第一象限的内容，也都会对应一个第二象限的点。

问：第一象限是形式，第二象限是内涵。

黄健辉：有的夫妻，在吵架的那一刻，双方约定以后经济上各自独立，财富层面不再互通了。

往往过了若干天之后，双方就会意识到爱已经不像以前那么纯粹，也许已经逐渐走向分离。

问：身体层面的互动，也是这样。性的关系，是身体层面互动的重要标志。

有句话叫"男人因性而爱，女人因爱而性"。

黄健辉：这也正说明第一象限和第二象限会相互影响，无论男人还是女人，都是一样，只不过引发的先后顺序可能不同。

问：人们说，男人和女人，差别很大，一个来自火星，一个来自金星。

黄健辉：可是在开悟的人的眼里，他们看到的，不是差别很大，而是共性很大，因为开悟的人，他们能同时看到全子的四个象限！

不是因性而爱，也不是因爱而性，而是性爱！

他们是合一的。

问：这句话经典，我记下来了。

黄健辉：再往下，就是在行为层面的互动了。通常说，爱，需要双方共同做一些事情，比如，有共同的兴趣和爱好等。

然后就是语言沟通层面。

问：以上这些，都还不够。人们往往会看到，有一些夫妻，只看第一象限的内容，都足够般配、合适，人们会说，他们是一对幸福的夫妻，对他们羡慕、嫉妒、恨。

可是，突然有一天，他们说要离婚了，把亲朋好友吓了一跳！

为什么会这样呢？

黄健辉：这就需要看他们是否有第二象限层面的内容互动，以及互动是否和谐！

第二象限的内容包括情绪、情感的互动，比如，在一起是否足够快乐、开心，是否满足情绪上的需求？

双方是否有安全感，是否得到尊重，感觉到被爱、被肯定？是否满足情感上的需求？

双方对生活、对家庭、对工作、对事业、对未来，是否有共同的信念和价值观？

双方是否相互理解、相互影响和支持？

问：哦，这些，当然也是非常重要的！

爱是一份连接，是一份关系。

爱是一种积极正向的影响力，爱是一种支持。

爱是双方相互理解，是双方共同享有的空间。

一句话：爱要在四个象限、各个层次上相互理解与互动。

黄健辉：还有一句话，不是因性而爱，也不是因爱而性，而是性爱！开悟的人，能同时看到全子的四个象限！

四象限说需求

（一）马斯洛需求层次

问：早上起来看新闻：

阿里巴巴IPO市值超过2300亿美元，马云成为中国内地新首富。

谢霆锋、王菲疑似复合，家中甜蜜亲吻共餐。

十八大以来全国近5%地市一把手落马。

仁川亚运会，中国女子摘十米气手枪团体金牌。

凌潇肃回应姚晨"出轨"传闻：感谢恨之入骨的过客。

英国人为何对国家分裂漫不经心，苏格兰人为什么选择了统一

成龙心情未受房祖名吸毒影响，与女星贴面亲昵。

香港特区政府考虑放宽特首普选参选人入闸门槛。

黄健辉：每个新闻背后都有一段故事，每一段故事背后，都有人的需求。

人生就是一个不断满足需求的过程。

问：营销导师说：销售，最重要的是了解顾客背后的需求，深度发掘顾客的需求，甚至是主动开发、创造顾客的需求。

黄健辉：创业导师说：你要找到社会的需求，开公司的目的就是找到社会的需求点，用你的办法去解决。

问：人，世界上最高级、最复杂、最有灵性的存在，他最主要有哪些需求呢？

黄健辉：这里不得不谈一下马斯洛（美国著名社会心理学家，第三代心理学的开创者，提出了融合精神分析和行为主义的人本心理学）。

马斯洛的理论核心是人通过"自我实现"，满足多层次的需求，达到"高峰体验"，重新找回人的价值，实现完美人格。

人作为一个有机整体，具有多种动机和需求，包括生理需求、安全需求、社交需求、自尊需求和自我实现需求。

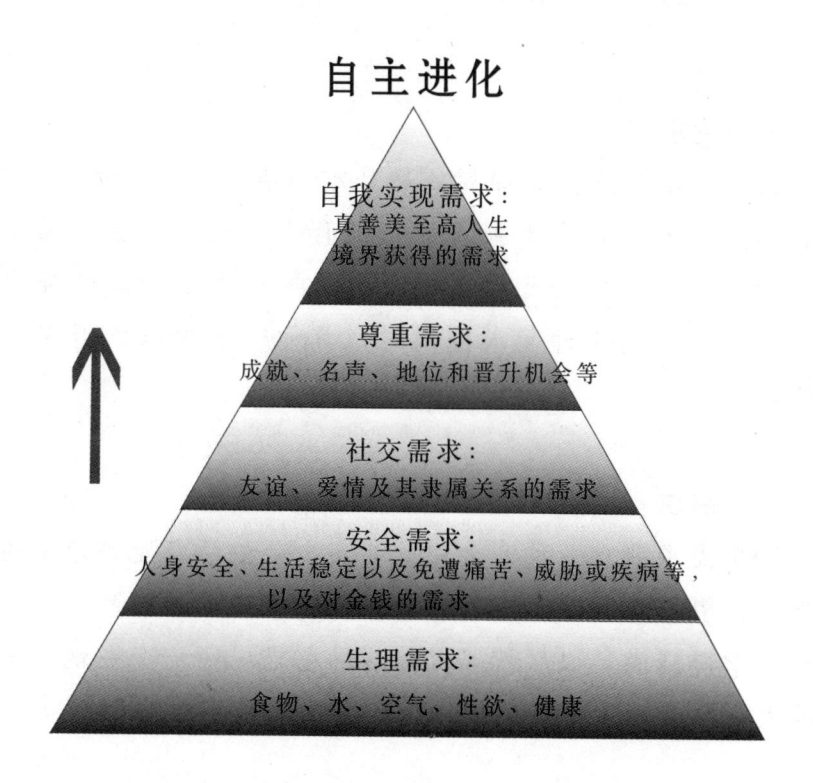

自主进化

自我实现需求：
真善美至高人生境界获得的需求

尊重需求：
成就、名声、地位和晋升机会等

社交需求：
友谊、爱情及其隶属关系的需求

安全需求：
人身安全、生活稳定以及免遭痛苦、威胁或疾病等，以及对金钱的需求

生理需求：
食物、水、空气、性欲、健康

马斯洛需求层次

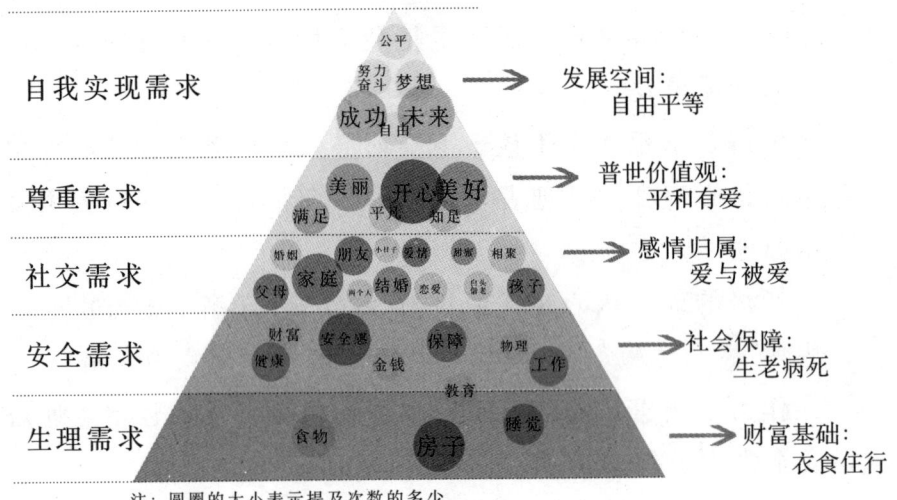

```
自我实现需求        公平
                 努力 梦想
                 奋斗
                 成功 未来      → 发展空间：
                    自由           自由平等

尊重需求          美丽 开心美好    → 普世价值观：
                 满足 平等 知足       平和有爱

社交需求       婚姻 朋友 亲情 爱情 婚姻 相聚  → 感情归属：
             父母 家庭 两个人 结婚 恋爱 自己 孩子   爱与被爱

安全需求       财富 安全感 保障 物理   → 社会保障：
              健康 金钱      工作     生老病死
                        教育
生理需求          食物  房子  睡觉    → 财富基础：
                                       衣食住行
```

注：圆圈的大小表示提及次数的多少

生理需求

生理需求是人们最原始、最基本的需求，如吃饭、穿衣、住宿、医疗等。若得不到满足，则有生命危险。生理需求是最强烈、不可避免的底层需求，也是推动人们行动的强大动力。当一个人为生理需求控制时，其他一切需求均退居次要地位。

安全需求

安全需求要求劳动安全、职业安全、生活稳定，希望免于灾难，希望未来有保障等。安全需要比生理需求较高一级，当生理需求得到满足以后就要保障这种需求。每一个在现实中生活的人，都会产生安全感的欲望、自由的欲望、防御的欲望。

社交需求

社交需求也叫归属与爱的需求，指个人渴望得到家庭、团体、朋友、同事的关怀、爱护和理解，是对友情、信任、温暖、爱情的需要。社交需求比生理和安全需求更细微、更难捉摸。它与个人性格、经历、生活区域、民族、生活习惯、宗教信仰等都有关系，这种需求是难以觉察、无法度量的。

尊重需求

尊重需求分为自尊、他尊和权力欲三类，包括自我尊重、自我评价以及尊重别人。尊重需要很少能够得到完全满足，但基本上的满足就可产生推动力。

自我实现需求

自我实现需求是最高等级的需求，是一种创造的需求。有自我实现需求的人，往往会竭尽所能，使自己趋于完美，实现自己的理想和目标，获得成就感。马斯洛认为，在人自我实现的创造过程中，会产生出一种所谓的"高峰体验"的情感，这个时候的人处于最高、最完美、最和谐的状态，具有一种欣喜若狂、如醉如痴的感觉。

马斯洛认为五个层次需求按照次序实现，由低层次一层一层向高层次递进。只有先满足低层次的需求才能去满足高层次的需求。

当人的低层次需求被满足后，会转而寻求实现更高层次的需求。自我实现的需求是超越性的，追求真、善、美，将最终导向完美人格的塑造，高峰体验代表了人的这种最佳状态。

问：著名哲学家尼采有一句警世格言——成为你自己！

马斯洛在其漫长的生命历程中，不仅将毕生精力致力于此，更以独特的人格魅力证明了这一思想。

黄健辉：马斯洛心理学是人类了解自己的过程中的一块里程碑。正是由于马斯洛的存在，做人才被看成是一件有希望的好事情。在这个纷乱动荡的世界里，他看到了光明与前途，弗洛伊德为我们提供了心理学病态的一半，而马斯洛则将健康的那一半补充完整。

（二）四象限需求层次

问：肯·威尔伯说：全子＝万事万物，全子包含四个象限。

黄健辉：全子＝万事万物，"需求"当然也是一个全子。

全子包含四个象限，因此，"需求"也可以分为四个象限。

肯·威尔伯的四象限理论

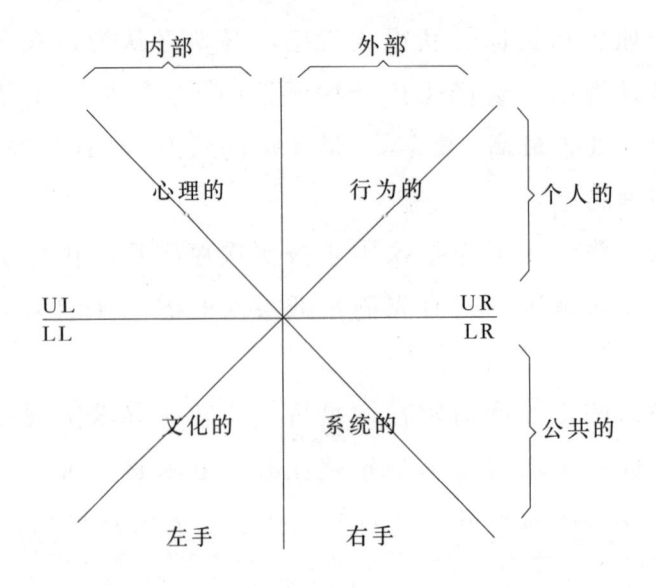

```
                内部        外部

              心理的      行为的       个人的

           UL                    UR
           LL                    LR

              文化的      系统的       公共的

              左手        右手
```

问：以人的需求为例，包括：

个人外在的需求（第一象限），个人内在的需求（第二象限），个人所属系统的内在需求（第三象限），个人所属系统的外在需求（第四象限）。

黄健辉：各象限具体的内容在前文已经有了详细的讲述。

问：清晰地了解人的内在与外在各个层次的需求后，我们可以根据这个导航图，研究和引导人类的任何行为和目标。

肯·威尔伯的四象限

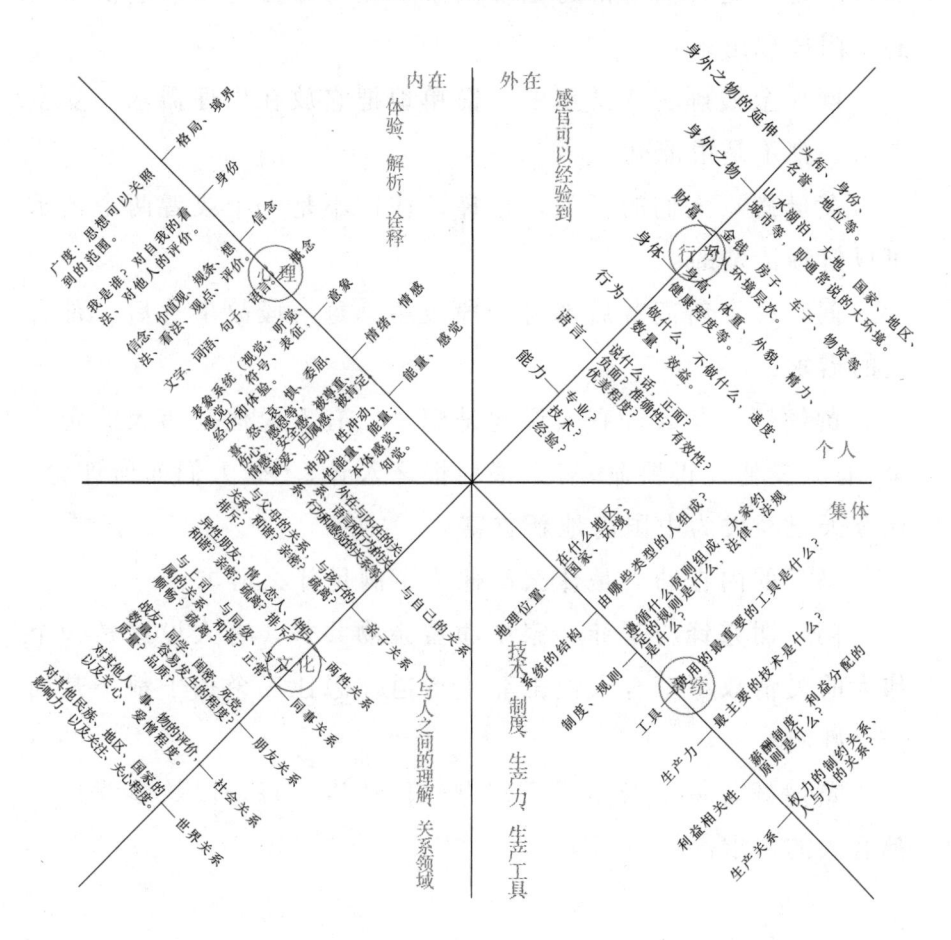

黄健辉：是的。马斯洛的需求层次非常棒，但是当今时代，人类的行为和思想都越来越趋向科学化、准确性和精细化。

马斯洛的需求层次图已经无法满足人们全面、准确、精细化的需要了。

问：你可以举个例子吗？

黄健辉：比如说，在经营企业的过程中，人们去应聘，找一份工作，公司人力资源经理要招聘到优秀的人才，"金钱、财富"的报酬是决定人们去留的重要因素，在马斯洛的需求层次里没有专门体现出来。

问：金钱确实非常重要，简单地把它放在生理需求、安全需求，都不是很准确。

黄健辉：人们的行为、选择，往往不是一个或者两个需求可以解释清楚的。

问：每个新闻背后都有一段故事，每一段故事背后，都有人的需求。

黄健辉：马云，有人说他是骗子，有人说他是伟大的企业家，有人爱他爱得要命，有人恨他恨之入骨，不管人们如何评论，他今天已经成为中国内地新首富。

马云的内在动力是什么？他为了满足什么需求？

问：谢霆锋与王菲，家中甜蜜亲吻共餐，有人说这是一个伟大的爱情故事，有人说王菲：难道你想让三个孩子都不是同一个姓吗？

黄健辉：每个新闻背后都有一段故事，每一段故事背后，都有人的需求。

谢霆锋有谢霆锋的需求，王菲有王菲的需求。总之，无论什么需求，要么是第一象限的，要么是第二象限的，要么是第三象限、第四象限的需求，你有多大的兴趣，你就花多大的力气去研究，用四个象限作为导航图，保证你会得到满意的答案！

问：克里米亚说要独立，摆一个乌龙阵，其实是要和俄罗斯产生更加亲密的关系。

乌克兰东部地区想要独立，政府军、民间武装和老百姓人头纷纷落地。

苏格兰说要独立，英国首相卡梅伦暗自哭泣！

黄健辉：仅仅从第一象限、第二象限去研究，还不足够。

问：同样是地区想要独立，人们的反应真是天壤之别！背后又是什么原因？

黄健辉：除了第一象限、第二象限每个层次的原因之外，还需要我们去研究历史、文化、关系、意识形态、地理位置、民族结构、资源、协议、制度、工具、技术等相关因素。

问：也就是第三象限、第四象限的内容和需求？

黄健辉：是的。早些时期，香港为了一个特首人选的产生办法，各派唇枪舌剑、激烈争论，甚至大打出手。

问：香港的情况，简单看来，是为了满足第四象限制度、规则的需求。

黄健辉：其实每个事件、行为、情绪背后，都有一个或是多个需求。

每一个需求背后，也都有另外的需求和动机。

问：四个象限相互影响、相互促进，每一种需求都有可能受到其他需求的影响。

后记

NLP 自我沟通练习术

我有一个梦想

文·黄健辉

我有一个梦想，2016年想尽一切办法邀请肯·威尔伯到中国，展开肯·威尔伯哲学文化之旅。

我有一个梦想，要提升中国人"分类"的能力，分类实际上就是创造，分类就是创新，就是发展。对个人而言，分类让我们成长。

我有一个梦想，要提升中国人"整合"的能力，整合就是达到身心灵"合一"，看到事物背后的本质。对个人而言，整合让他幸福。

300年前，启蒙运动思想家给科学、艺术、道德分类，创造了现当代繁荣、富强的民主社会。

100年前，弗洛伊德发现潜意识的规律，造就了今天激发个人潜能、人才倍增的时代。

40年前，肯·威尔伯发表《意识光谱》，成为20世纪最伟大的哲学著作之一。

肯·威尔伯哲学被称为继行为主义、精神分析、人本心理学之后的"第四种力量"。

我有一个梦想，通过传播 NLP、心灵成长文化、肯·威尔伯哲学，帮助学员更有效地提升境界、扩大格局！

我有一个梦想，希望有一天，NLP、心灵成长文化、肯·威尔伯哲学可以通过报纸、影视、网络进入社会各个阶层，成为普通大众的共同理念。

我有一个梦想，希望有一天，NLP、心灵成长可以进入文学、艺术、商业、政治等领域，净化民族的文化基因。

我有一个梦想，希望未来有一天，NLP、心灵成长、各个领域的培训导师，会受到后人的尊敬，就像我们敬重五四那一代知识分子——鲁迅、胡适、蔡元培等——一样。

第四代 NLP 释义

罗伯特·迪尔茨作为第三代 NLP 代表人物，他最具影响力的理论是《理解层次》，最重要的贡献是发展了众多 NLP 的理念和技巧，前三代 NLP 在中国传播，给人的感觉都是：实用心理学、心灵成长中的一个板块。

1. 承接罗伯特·迪尔茨发展的 NLP、进化的 NLP 思想，把 NLP 提升到组织系统、企业运营、社会文化、人生意义、宇宙规律、道的层面。

2. 发展出实用、有效的理论和技巧《组织理解层次》，四象限理论把企业文化、营销策略、制度设计、商业模式、技术和工具、人性和道纳入 NLP 的范畴。

● NLP 不再需要与成功学、企业管理、资本金融这些学问、培训、导师相区分、对立，甚至是否定它们，而是包含和超越，完全吸收有效的成分！

● 这几年越来越多学员接触 NLP、了解 NLP 是通过冯晓强 NLP 总裁培训课程，前三代 NLP 都无法容纳冯的培训，导师们不承认他的培训属于 NLP 范畴，因为无论在 NLP 的定义、理解层次中，还是在任何一个 NLP 理论和技巧中，都找不到地方给"营销策略"容身。

第四代 NLP 完美地解决了这个问题！"营销策略"属于组织理解层次中"结构、制度"这个层次。

3. 把肯·威尔伯哲学融入NLP，让NLP接通系统、历史、人性、文化，接通未来的趋势和方向，把NLP提升到一个崭新的高度，扩大格局，提升境界，让学习者直接进入"广深高速"——广度、深度与高度的全面拓展！

图书在版编目（CIP）数据

领悟：NLP自我沟通练习术/黄健辉著.—北京：华夏出版社，2015.2（2017.1重印）
ISBN 978-7-5080-8373-5

Ⅰ.①领… Ⅱ.①黄… Ⅲ.①成功心理—通俗读物 Ⅳ.①B848.4–49

中国版本图书馆CIP数据核字(2015)第000252号

领悟：NLP自我沟通练习术

作　　者	黄健辉
责任编辑	王占刚　陈　迪
责任印制	刘　洋

出版发行	华夏出版社
经　　销	新华书店
印　　刷	三河市少明印务有限公司
装　　订	三河市少明印务有限公司
版　　次	2016年8月北京第1版　2017年1月北京第2次印刷
开　　本	720×1030　1/16开
印　　张	17.25
字　　数	180千字
定　　价	39.00元

华夏出版社 网址：www.hxph.com.cn　地址：北京市东直门外香河园北里4号　邮编：100028　若发现本版图书有印装质量问题，请与我社营销中心联系调换。电话：（010）64663331（转）